省力系！
免揉家常麵包

混合麵團＋整形只要**20**分鐘
烤出吃不膩的**48**款美味麵包！

濱內千波／著　　黃嫣容／譯

用軟麵包&硬麵包的麵團做出這麼多麵包！

麵包種類表

軟麵包系

外層和內部都很柔軟的麵包，是由粉類和水加上奶油、橄欖油等油脂類，再加入砂糖等等糖分混合製作而成。

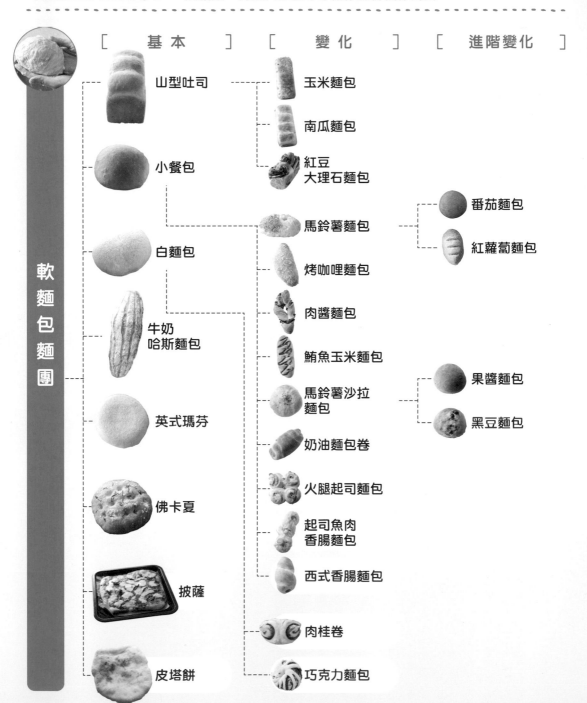

軟麵包麵團

[基本]　　[變化]　　[進階變化]

山型吐司 → 玉米麵包

南瓜麵包

紅豆大理石麵包

小餐包

白麵包 → 馬鈴薯麵包 → 番茄麵包

紅蘿蔔麵包

烤咖哩麵包

牛奶哈斯麵包 → 肉醬麵包

鮪魚玉米麵包

馬鈴薯沙拉麵包 → 果醬麵包

黑豆麵包

英式瑪芬

奶油麵包卷

火腿起司麵包

佛卡夏 → 起司魚肉香腸麵包

西式香腸麵包

披薩

肉桂卷

皮塔餅 → 巧克力麵包

麵包大致上會分成軟麵包和硬麵包2種。
只要有基本的麵包麵團，再改變一下形狀、在麵團中混合配料，
或是包入內餡稍作變化，就能做出各種不同的麵包。

硬麵包系

外皮脆硬且有嚼勁，能感受到麵包發酵風味的麵包。
用粉類和水，再依喜好加入砂糖等糖分混合製作。

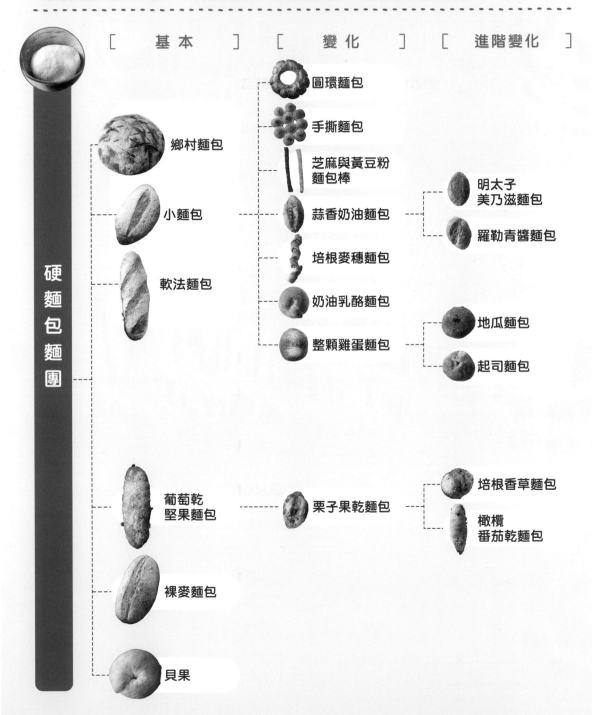

[基本] [變化] [進階變化]

硬麵包麵團

鄉村麵包

小麵包

軟法麵包

葡萄乾
堅果麵包

裸麥麵包

貝果

圓環麵包

手撕麵包

芝麻與黃豆粉
麵包棒

蒜香奶油麵包

培根麥穗麵包

奶油乳酪麵包

整顆雞蛋麵包

栗子果乾麵包

明太子
美乃滋麵包

羅勒青醬麵包

地瓜麵包

起司麵包

培根香草麵包

橄欖
番茄乾麵包

3

⑩ 不用揉捏！只要混合！
軟麵包系的麵團

超簡單！混合就OK！
㊿ 硬麵包系的麵團

[本書的規則]

● 本書的食譜先以容易製作為考量，食譜精簡在每個頁面內完成。

● 1小匙＝ 5cc、5ml。1大匙＝ 15cc、15ml。1杯＝ 200cc、200ml。

● 會優先考量方便製作的分量。依照不同食譜有的會以個數標示、有的會以g標示。

● 使用有發酵功能的家庭用微波烤箱。因微波烤箱的型號不同，發酵或烘烤的時間或狀態也會不同。請一邊觀察一邊調整時間。

● 奶油先放置室溫回軟後再使用。

● 手粉（防止沾黏的麵粉）的分量只有在食譜第一次出現的地方會以（分量外）標示。

少步驟又不失敗的濱內

來比較看看簡單就能做好的濱內免揉麵包，和一般製作麵包時的步驟。
令人訝異的是根本一點也不繁瑣，初學者也能輕鬆成為麵包好手！

濱內免揉麵包作法

將粉類和水分混合，整理成團 → **放上奶油，進行一次發酵**（製作軟麵包時） → **約混入30次**

省略這個也OK！
麵團充分揉合的話反而會讓麵團產生筋性，所以**不需揉捏、摔打等步驟**

省略這個也OK！
發酵時奶油會變軟，**在整理麵團時再混合奶油就好**。這邊的揉捏、摔打也都省略

省略這個也OK！
在混合時**氣體就會自然排出**

一般麵包作法

將粉類和水分混合，整理成團 → ✕ **揉捏、摔打** → ✕ **混合奶油** → ✕ **再次搓揉、摔打**（製作軟麵包時） → **一次發酵** → ✕ **排氣**

免揉麵包到出爐為止的作法

→ 分切麵團後整成圓形 → 鬆弛 → 整形 → 二次發酵 → 烘烤 → 完成

省略這個也OK！

整成圓形之後還會再次整形，**整形時就會排出氣體**

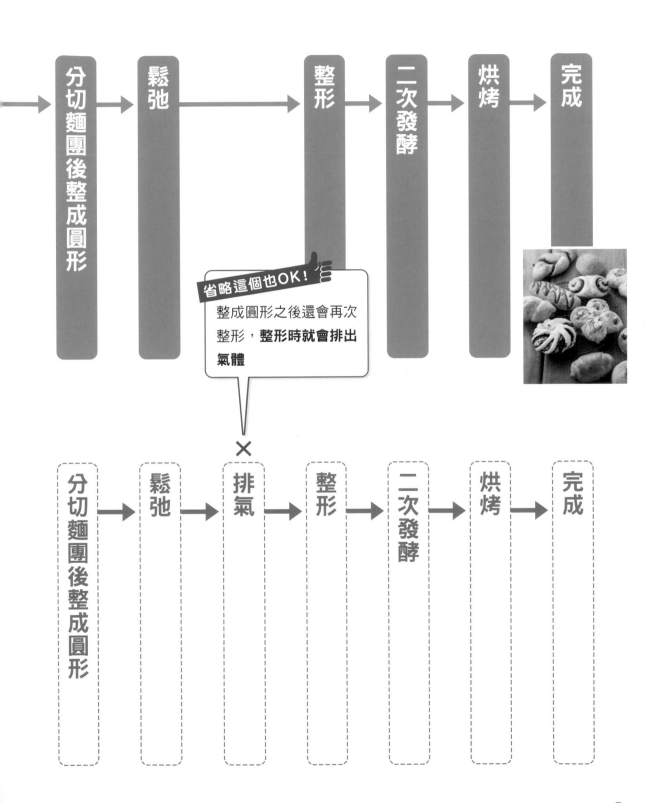

✕

分切麵團後整成圓形 → 鬆弛 → 排氣 → 整形 → 二次發酵 → 烘烤 → 完成

關於製作本書麵包時所需

製作濱內免揉麵包時，不需要準備一些特別的材料或工具，隨時想做都可以！
不管哪種麵包，基本上都是將材料確實計量後放到調理盆中混合，再放上砧板整形。
使用少數幾樣工具以及小空間將麵團整理好，就可以烤出好吃的麵包。

1 事前準備

確實測量！
材料一定要用磅秤或量杯確實測量

水
藉由增減水分調整麵團的軟硬度

其他基本材料
＊**乾酵母**⋯分量稍有增減也沒關係
＊**砂糖、鹽巴**⋯想減少糖分或鹽分時，可以稍作增減
＊**奶油**⋯依喜好選擇有鹽或無鹽奶油

麵粉
濱內免揉麵包不管是用高筋麵粉還是低筋麵粉都不會失敗。不過烤好的時候口感會有所差異，蛋白質含量較高的高筋麵粉偏多的話，麵團的含水量、黏度跟彈性都會提高

2 製作麵團→整形

調理盆
在較大的調理盆中混合材料、製作麵團

麵粉（手粉）
除了主要材料的麵粉之外，要準備撒在砧板或麵團上的手粉

計時器
是計算發酵時間、鬆弛時間等時不可或缺的工具

整形時使用的工具
只要有砧板、擀麵棍跟刮板就可以搞定。也能改以保鮮膜紙卷代替擀麵棍、用菜刀代替刮板

非常少數的 工具 和 材料

3 發酵→烘烤

烤盤＋烘焙紙
（烤盤紙）

在鋪有烘焙紙的烤盤放上整形好的麵團。從二次發酵後到烘烤前的步驟都在此完成

微波烤箱

利用家用微波烤箱功能中的「發酵」讓麵團發酵，再用烤箱的功能烘烤。在烘烤時如果烤不太上色，請視情況稍微調高烘烤溫度

如果沒有發酵功能時

在麵團上蓋上確實擰乾後的濕布巾。取一個較大的塑膠袋，放入裝有約1000cc熱水的調理盆，再把整個烤盤放到調理盆上方後綁緊袋口

布巾

在二次發酵時使用。準備乾的濕的各一條，共2條薄的棉質布巾

噴霧瓶

在開始烘烤之前先在麵團上噴水，就能讓麵包外表較脆而內部蓬鬆。在烤箱中放入耐熱容器＋水也OK

模具

依想烤的麵包準備大小適合的模具。也可以用鐵盒等代替

烘焙冷卻架

將出爐的麵包放到冷卻架上散熱。如果沒有現成的話，可以將網篩等放反來代用

內餡或醬汁可以活用市售品

用市面上販售的料理調理包、醬汁或罐頭，就能簡單地做出各種不同口味的麵包

保存

因為麵團很簡單就能做好，會烤比較多的麵包。保持麵包美味的祕訣就是放入冷凍庫保存。要吃的時候再用微波爐稍微加熱即可

軟麵包系

製作基本麵團 >>

1 混合粉類材料

在調理盆中放入麵粉、鹽巴、乾酵母等混合。如果想讓麵包有點甜味，也可以加入砂糖。

麵粉可換成
裸麥麵粉或米粉等，
也可以和麵粉混合

2 倒入水後混合

以繞圈的方式將水倒入 1 裡，將粉類混合成團。依製作的麵包，以果汁或乳製品等取代水也OK。

倒入的水量基準大約為
麵粉重量的65〜70%。
果汁或其他液體也一樣

的麵團

將奶油等油脂類確實混入粉類材料中。
只要完成這個步驟，
就能烤出有彈性又蓬鬆的麵包。

③ 一次發酵

在②上放上奶油後蓋上保鮮膜，放入預熱好的微波烤箱中讓麵團發酵。如果是倒入橄欖油，也是依照相同的步驟製作。

> 一般來說是
> 用35～40℃
> 發酵30分鐘

④ 混入約30次

在③上撒上麵粉（分量外），接著混入約30次。重點是要將奶油或橄欖油等油脂混入至麵團不沾手為止。

> 用什麼方式混合都可以，
> 只要麵團有成團即可。
> 在混合時會排出氣體

5 整成圓形 →鬆弛

將4的麵團放到撒有手粉的砧板上,依製作的麵包將麵團分切後整成圓形,鬆鬆地蓋上保鮮膜,讓麵團鬆弛一段時間。

> 麵團的
> 鬆弛時間約是
> 大的20分鐘、
> 小的10分鐘

6 整形

滾成小的圓形

延伸成細長狀

捲好後放入模具

將5的麵團延展開→再次整成圓形→整形成喜歡的形狀。

> 整成喜歡的形狀就OK。
> 在整形的階段中,
> 麵團會變得平滑!

7 雙布巾→二次發酵

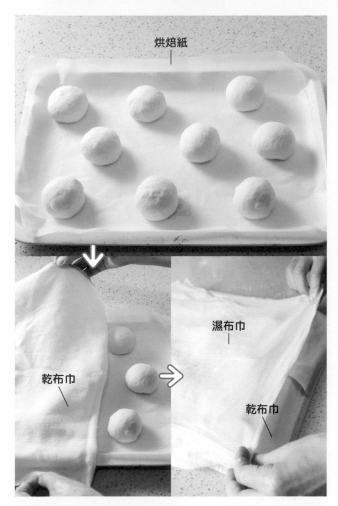

烘焙紙

濕布巾

乾布巾

乾布巾

將 6 放在鋪有烘焙紙的烤盤中，蓋上乾布巾後再蓋上一條濕布巾，放入預熱好的微波烤箱中，再讓麵團發酵。

> 一般來說
> 用35～40℃發酵約30～40分鐘，
> 膨脹至1.5倍大就OK

8 烘烤

將 7 放入預熱好的烤箱中，一邊觀察狀態一邊烘烤。

> 烘烤的時間或溫度
> 要依不同麵包調整

軟麵包系
基本麵包

山型吐司

偏硬的外皮和濕潤的內部，口感的反差是其魅力。是款經典麵包。
切成喜歡的厚度，烤好就直接享用，或是隔天再加熱吃更是特別美味！

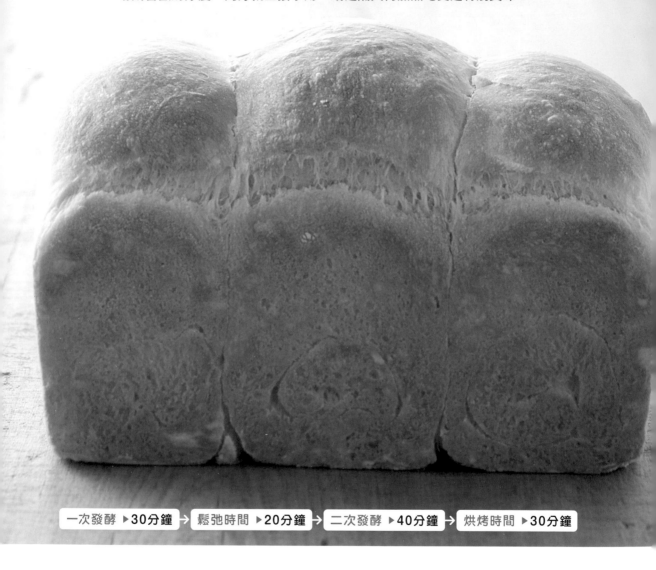

| 一次發酵 ▶30分鐘 | → | 鬆弛時間 ▶20分鐘 | → | 二次發酵 ▶40分鐘 | → | 烘烤時間 ▶30分鐘 |

◎ **材料** （19.5× 9.5×9.5㎝的吐司模具，日規1斤[454g]）

A
┌ 高筋麵粉 ┄┄┄ 300g
│ 鹽巴 ┄┄┄ 5g
│ 乾酵母 ┄┄┄ 4g
└ 砂糖 ┄┄┄ 15g

水 ┄┄┄ 210cc
奶油 ┄┄┄ 15g

◎ 作法

 用P10～13介紹的
麵團來製作！

製作麵團

1 將**A**的粉類放入調理盆中混合，加水攪拌到沒有粉粒為止，放上奶油後蓋上保鮮膜。

2 放入預熱至35～40℃的微波烤箱內30分鐘，進行**一次發酵**。

3 在**2**的麵團上撒上麵粉（分量外）後混入約30次，再次撒上麵粉後分切成3等分並整成圓形。
鬆鬆地蓋上保鮮膜後**鬆弛**20分鐘。

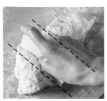 

整形 → 烘烤

4 將**3**再次整成圓形後放到撒有麵粉（分量外）的砧板上，將麵團延展成橢圓形後捲起放入模具。
其餘的作法也相同。

將麵團放在撒有麵粉
（分量外）的砧板上，
延展成橢圓形後折三
摺，將收口確實壓緊

 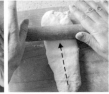  

用擀麵棍將麵團擀成細
長狀後從邊緣捲起，捲
好再將收口處朝下，放
入撒有麵粉（分量外）
的模具中

5 在**4**依序蓋上乾布巾、濕布巾，放入預熱至35～40℃的微波烤箱內40分鐘，進行**二次發酵**，直
到膨脹到成3連的山型為止。

6 放入預熱至180℃的烤箱內，留意狀況烘烤約
30分鐘。

 麵包出爐後剝開，
如果內部呈直線紋路
就是成功了！

軟麵包系

硬麵包系

15

 軟麵包系
基本麵包

小餐包

就算是初學者也很難失手,基本中的基本麵包。
如果能夠熟習這款麵包的作法,可以試著變化形狀或加入配料

一次發酵 ▶30分鐘 → 鬆弛時間 ▶15分鐘 → 二次發酵 ▶30分鐘 → 烘烤時間 ▶18分鐘

◉ **材 料** (9個份)

┌ 高筋麵粉 ……… 300g
A │ 鹽巴 ……… 5g
  │ 乾酵母 ……… 4g
  └ 砂糖 ……… 15g

水 ……… 195cc
奶油 ……… 15g

用P10～13介紹的
麵團來製作！

◎ 作 法

製作麵團

1 將**A**的粉類放入調理盆中混合，加水攪拌到沒有粉粒為止，放上奶油後蓋上保鮮膜。

2 放入預熱至35～40℃的微波烤箱內30分鐘，進行**一次發酵**。

3 在**2**的麵團上撒上麵粉（分量外）後混入約30次，再次撒上麵粉後分切成細長的9等分並整成圓形。鬆鬆地蓋上保鮮膜後**鬆弛**15分鐘。

整 形 → 烘 烤

4 將**3**放到撒有麵粉（分量外）的砧板上，延展成約10 cm大小的圓形。對折後將收口處壓緊，收口朝下後整成圓形。其餘的作法也相同。

5 將**4**放到鋪有烘焙紙的烤盤上，依序蓋上乾布巾、濕布巾，放入預熱至35～40℃的微波烤箱內30分鐘，進行**二次發酵**。

6 放入預熱至180℃的烤箱內，留意狀況烘烤約18分鐘。

白麵包

口感輕盈柔軟，就像是嬰兒臉頰般Q彈。
以低溫烘烤盡量不烤上色，就能烤出白皙的麵包

一次發酵 ▶30分鐘	鬆弛時間 ▶15分鐘	二次發酵 ▶30分鐘	烘烤時間 ▶18分鐘

◉ 材 料（9個份）

A
┌ 高筋麵粉 ⋯⋯ 300g　　水 ⋯⋯ 195cc
│ 鹽巴 ⋯⋯ 5g　　　　 奶油 ⋯⋯ 15g
│ 乾酵母 ⋯⋯ 4g
└ 砂糖 ⋯⋯ 15g

◎ 作法

用P10～13介紹的
麵團來製作！

製作麵團

1 將**A**的粉類放入調理盆中混合，加水攪拌到沒有粉粒為止，放上奶油後蓋上保鮮膜。

2 放入預熱至35～40℃的微波烤箱內30分鐘，進行**一次發酵**。

3 在**2**的麵團上撒上麵粉（分量外）後混入約30次，再次撒上麵粉後分切成9等分並整成圓形。
鬆鬆地蓋上保鮮膜後**鬆弛**15分鐘。

整形 → 烘烤

4 將**3**放在撒有麵粉（分量外）的砧板上，延展成約10㎝大小的圓形。對折後將收口處壓緊，收
口朝下再次整成圓形。

壓緊

5 將**4**放到鋪有烘焙紙的烤盤上，再次撒上麵粉，用料理長筷等在麵團正中間用力壓下。其餘也依
照相同作法製作。

6 依序蓋上乾布巾、濕布巾，放入預熱至35～40℃的微波烤箱內30分鐘，進行**二次發酵**。

----

7 放入預熱至140℃的烤箱內，留意狀況烘烤約18分鐘。

牛奶哈斯麵包

將水換成牛奶加入麵團，能感受到些許甜味的溫和風味。
通常會做成橄欖球般的橢圓形後，劃出直線切痕再烘烤

一次發酵 ▶30分鐘 → 鬆弛時間 ▶20分鐘 → 二次發酵 ▶30分鐘 → 烘烤時間 ▶25分鐘

◉ **材 料** （2個份）

A
┌ 高筋麵粉 ┈┈┈ 300g
│ 鹽巴 ┈┈┈ 5g
│ 乾酵母 ┈┈┈ 4g
└ 砂糖 ┈┈┈ 30g

B
┌ 牛奶 ┈┈┈ 195cc
└ 原味優格 ┈┈┈ 15g

奶油 ┈┈┈ 30g

◎ 作 法

製作麵團

1 將**A**的粉類放入調理盆中混合,加入**B**攪拌到沒有粉粒為止,放上奶油後蓋上保鮮膜。

跟水一樣,牛奶或是優格等加入粉類後要確實混入

2 放入預熱至35～40℃的微波烤箱內30分鐘,進行**一次發酵**。

3 在**2**的麵團上撒上麵粉(分量外)後混入約30次,再次撒上麵粉後分切成2等分並整成圓形。鬆鬆地蓋上保鮮膜後**鬆弛**20分鐘。

整形 → 烘烤

4 將**3**放在撒有麵粉(分量外)的砧板上,整體再次撒上麵粉後用手壓成圓形。從遠身處往內折1/3,重疊上近身側的1/3,將收口處壓緊,收口朝下後再滾動成細長狀。其餘也依照相同作法製作。

5 將**4**放到鋪有烘焙紙的烤盤上,依序蓋上乾布巾、濕布巾,放入預熱至35～40℃的微波烤箱內30分鐘,進行**二次發酵**。

6 在**5**上撒上麵粉(分量外),用刀劃出約4條直線切痕。

7 放入預熱至180℃的烤箱內,留意狀況烘烤約25分鐘。

英式瑪芬

在表面裹上一層粗粒玉米粉後再烘烤是其特色。
用叉子對半切再用小烤箱烤的話，就能做出特殊的凹凸構造，
不但增加口感變化，而且奶油或果醬也較容易融入其中

一次發酵 ▶30分鐘 → 鬆弛時間 ▶15分鐘 → 二次發酵 ▶30分鐘 → 烘烤時間 ▶15分鐘

◉ 材 料 （8個份）

┌ 高筋麵粉 ┄┄ 260g　　　水 ┄┄ 195cc
│ 粗粒玉米粉 ┄┄ 40g　　　奶油 ┄┄ 15g
A 鹽巴 ┄┄ 5g
│ 乾酵母 ┄┄ 4g　　　●表面用
└ 砂糖 ┄┄ 9g　　　　粗粒玉米粉 ┄┄ 適量

◉ 作法

製作麵團

1 將**A**的粉類放入調理盆中混合，加水攪拌到沒有粉粒為止，放上奶油後蓋上保鮮膜。

2 放入預熱至35～40℃的微波烤箱內30分鐘，進行**一次發酵**。

3 在**2**的麵團上撒上麵粉（分量外）後混入約30次，再次撒上麵粉（分量外）後分切成8等分並整成圓形。鬆鬆地蓋上保鮮膜後**鬆弛**15分鐘。

整形 → 烘烤

4 將**3**放在撒有麵粉（分量外）的砧板上，整體再撒上麵粉後用手壓成圓形。對折後將收口處壓緊，將收口朝下再次整成圓形。其餘也依照相同作法製作。

5 將**4**放到鋪有烘焙紙的烤盤上，在麵團上鋪上烘焙紙後再放上約300g重的物品。

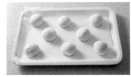

用可以壓到所有英式瑪芬的托盤＋淺盤等，平均地施加重量

6 將**5**放入預熱至35～40℃的微波烤箱內30分鐘，進行**二次發酵**。

7 在**6**的表面塗上少許水分（分量外），裹上粗粒玉米粉。

8 放入預熱至170℃的烤箱內，留意狀況烘烤約15分鐘。

軟麵包系
基本麵包

佛卡夏

油脂使用橄欖油，是發源自義大利、
經常與餐點搭配享用的麵包。
在平坦的麵團上用手指壓出凹陷後
放入烤箱烘烤。再放上橄欖
或香草等能讓風味更加提升

| 一次發酵 ▶30分鐘 | 鬆弛時間 ▶20分鐘 | 二次發酵 ▶30分鐘 | 烘烤時間 ▶18分鐘 |

◉ **材料**（4個份）

A
┌ 高筋麵粉 ……… 300g
│ 鹽巴 ……… 5g
│ 乾酵母 ……… 4g
└ 砂糖 ……… 9g

B
┌ 水 ……… 195cc
└ 橄欖油 ……… 15g

● **表面配料**
乾燥迷迭香、橄欖、
岩鹽、橄欖油
……… 適量

◎ 作法

製作麵團

1 將 **A** 的粉類放入調理盆中混合，加入 **B** 攪拌到沒有粉粒為止，蓋上保鮮膜。

2 放入預熱至 35～40℃的微波烤箱內 30 分鐘，進行**一次發酵**。

3 在 **2** 的麵團上撒上麵粉（分量外）後混入約 30 次，再次撒上麵粉後分切成 4 等分並整成圓形。鬆鬆地蓋上保鮮膜後**鬆弛** 20 分鐘。

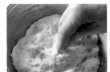   

整形 → 烘烤

4 將 **3** 放到撒有麵粉（分量外）的砧板上，延展成直徑約 10㎝的圓形。對折後把收口處壓緊，將收口朝下再次整成圓形。再次撒上麵粉，用擀麵棍擀薄成喜歡的大小。

5 將 **4** 放在鋪有烘焙紙的烤盤上，依序蓋上乾布巾、濕布巾，放入預熱至 35～40℃的微波烤箱內 30 分鐘，進行**二次發酵**。

6 用沾上麵粉（分量外）的手指在 **5** 上做出凹陷處，放上切好的橄欖或迷迭香，撒上岩鹽後淋上橄欖油。

在一個麵團表面約壓出 12～15 個凹陷處，要留意不要壓到底！

- -

7 放入預熱至 180℃的烤箱內，留意狀況烘烤約 18 分鐘。

披薩

麵團做成方形或圓形都可以，
配料也可依喜好放上，自由發揮！
麵團較薄、口感脆硬的話就是義式披薩；
麵團較厚、口感Q彈的話就是美式披薩

一次發酵 ▶30分鐘 → 鬆弛時間 ▶20分鐘 → 烘烤時間 ▶7分鐘

◎ **材料** （35×25cm，1片份） ※配合烤盤的大小

A
高筋麵粉 ······· 150g
低筋麵粉 ······· 150g
鹽巴 ······· 5g
乾酵母 ······· 4g
砂糖 ······· 15g

B
水 ······· 195cc
橄欖油 ······· 15g

◎ 作法

製作麵團

1 將 **A** 的粉類放入調理盆中混合，加入 **B** 後攪拌到沒有粉粒為止，蓋上保鮮膜。

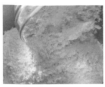 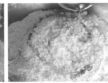 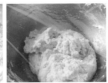

2 放入預熱至 35～40℃ 的微波烤箱內 30 分鐘，進行**一次發酵**。

3 在 **2** 的麵團上撒上麵粉（分量外）後混入約 30 次，再次撒上麵粉（分量外）後整成圓形。鬆鬆地蓋上保鮮膜後**鬆弛** 20 分鐘。

整形 → 烘烤

4 將 **3** 撒上麵粉（分量外）再次整成圓形，放到鋪有烘焙紙的烤盤上，延展成自己喜歡的大小和厚度。

將麵團盡量地延展到最薄，就能做出酥脆的口感；反之，如果較厚就會變得像麵包、有嚼勁

5 放上喜歡的表面配料，放入預熱至 250℃ 的烤箱內，留意狀況烘烤約 7 分鐘。

享受披薩麵團×喜歡的表面配料之搭配！

＼ 披薩就是要瑪格麗特！／

●表面配料（1片份）
番茄麵醬200g＋莫札瑞拉起司100g＋適量羅勒＋適量橄欖油

塗上表面配料的醬料、放上食材後淋上橄欖油，放入烤箱烘烤。

其他還有
・薩拉米或西式香腸＋起司＋青椒＋番茄麵醬＋橄欖油
・海鮮＋蕈菇＋起司＋番茄麵醬＋橄欖油
・玉米＋鮪魚罐頭＋洋蔥＋美乃滋＋起司＋番茄麵醬＋橄欖油
・拱佐諾拉乳酪＋蜂蜜＋肉桂粉

皮塔餅

地中海沿岸地區經常食用的薄型麵包，用小烤箱也能做，非常簡單！
很推薦對切成口袋狀，在中間放入肉類、雞蛋等食材一起吃

一次發酵 ▶ 30分鐘 → 鬆弛時間 ▶ 15分鐘 → 烘烤時間 ▶ 3～5分鐘

◉ 材料（8片份）

A
┌ 高筋麵粉 ……… 300g
│ 鹽巴 ……… 5g
│ 乾酵母 ……… 4g
└ 砂糖 ……… 15g

B
┌ 水 ……… 210cc
└ 橄欖油 ……… 15g

◎ 作法

製作麵團

1 將**A**的粉類放入調理盆中混合，加入**B**攪拌到沒有粉粒為止，蓋上保鮮膜。

   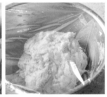

水分較多會黏手，不用擔心！

2 放入預熱至35～40℃的微波烤箱內30分鐘，進行**一次發酵**。

3 在**2**的麵團上撒上麵粉（分量外）後混入約30次，再次撒上麵粉後分成2等分，接著延展成細長狀後再分切成4等分並整成圓形。鬆鬆地蓋上保鮮膜後**鬆弛**15分鐘。

整形 → 烘烤

4 將**3**放到撒有麵粉（分量外）的砧板上，用擀麵棍擀薄成直徑約15cm的圓形。其餘也依照相同作法製作。

在口袋裡放入喜歡的配料！

生菜沙拉、烤肉、油醋醃漬的海鮮類、印度風味肉末乾咖哩、起司、水果等，可以好好享受喜歡的配料。因為做成口袋狀，所以放入很多食材也完全沒問題！

5 將麵團一次一片放入預熱好的小烤箱，烘烤3～5分鐘直至麵團充分膨脹。

開始加熱後麵團就會膨脹成圓鼓鼓的樣子

6 將**5**從烤箱取出，一片一片用乾布巾包裹起來，就能維持皮塔餅輕盈柔軟的口感。

變化麵包

如果熟悉了山形吐司、小餐包、
白麵包這3種麵包的作法，
就可以做出鹹味麵包或甜點麵包等，
讓變化範圍更加廣泛。

在麵團混入配料

玉米麵包

在山形吐司的麵團裡加入甜玉米粒，魅力在於顆粒感以及些許甜味。
重點是要將玉米罐頭的汁液和水混合後加入麵團中

| 一次發酵 ▶30分鐘 → | 鬆弛時間 ▶20分鐘 → | 二次發酵 ▶30分鐘 → | 烘烤時間 ▶30分鐘 |

◉ **材 料**（21×9×6cm的磅蛋糕模具，1個份）※

A
- 高筋麵粉 …… 200g
- 鹽巴 …… 3g
- 乾酵母 …… 3g
- 砂糖 …… 10g

水＋玉米罐頭的
　汁液合計 …… 140cc

奶油 …… 10g
甜玉米粒
　（罐頭，淨重）
　…… 100g

※ 也可以用邊長約20cm
的空鐵盒等

事 前 準 備
- 將罐頭的汁液和
　水分混合。
- 用鍋子將玉米拌
　炒過，要將水分
　炒乾。

簡單的麵團＋蔬菜做的健康麵包，或是＋香草做的香氣麵包，
也還有＋種子或堅果類做的嚼感麵包，不管哪一種都是奢侈的美味！

◉ 作 法

製作麵團

1 將**A**的粉類放入調理盆中充分混合，以繞圈的
　方式加入水和罐頭汁液，攪拌到整體融合為
　止。放上奶油和玉米粒後蓋上保鮮膜。

2 將**1**放入預熱至35～40℃的微波烤箱內30分
　鐘，進行**一次發酵**。

3 在**2**的麵團上撒上麵粉（分量外）後混入約
　30次，再次撒上麵粉後整成1個圓形。鬆鬆
　地蓋上保鮮膜後**鬆弛**20分鐘。

整形 → 烘烤

4 將**3**整成圓形後放到撒有麵粉（分量外）的砧
　板上，再次在整體撒上麵粉後延展成長方形。
　對折並擀薄，再折三摺，將收口處確實壓緊。
　（**a**）（**b**）

5 將**4**放入鋪有烘焙紙的模具中，依序蓋上乾布
　巾、濕布巾，放入預熱至35～40℃烤箱內約
　30分鐘，進行**二次發酵**。

6 放入預熱至180℃的烤箱內，留意狀況烘烤約
　30分鐘。出爐後拿掉烘焙紙散熱。（**c**）

a 將麵團延展成長方
形，對折後將收口
處壓緊。用手壓平，再
用擀麵棍將麵團的長度
擀薄成和模具相同

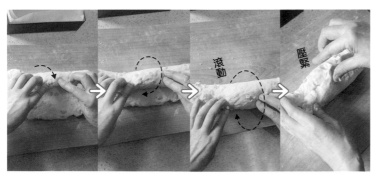

b 將麵團滾動捲起，收口和側面都要確實壓緊

c 將麵包連同烘焙紙從模
具中取出放涼

| 一次發酵 ▶ 30分鐘 |
| 鬆弛時間 ▶ 15分鐘 |
| 二次發酵 ▶ 30分鐘 |
| 烘烤時間 ▶ 18分鐘 |

馬鈴薯麵包

在麵團中加入馬鈴薯泥和切成小塊的馬鈴薯，
鬆軟又美味

◎ 材料（8個份）

A
高筋麵粉 …… 300g
鹽巴 …… 5g
乾酵母 …… 4g
砂糖 …… 15g

水 …… 120cc
奶油 …… 15g

馬鈴薯
　…… 淨重250g
芝麻 …… 適量

事前準備

將馬鈴薯放入微波爐中加熱，
去皮後取150g壓成泥，另取
100g切成一口大小。

◎ 作法

製作麵團

1 將**A**的粉類放入調理盆中混合，再加入馬鈴薯泥攪拌。以繞圈的方式加水攪拌到沒有粉粒為止。放上奶油後蓋上保鮮膜。（**a**）

2 放入預熱至35～40℃的微波烤箱內30分鐘，進行**一次發酵**。

3 在**2**撒上麵粉（分量外）後加入切成一口大小的馬鈴薯，混入約30次。放到撒有麵粉的砧板後將麵團切成8等分並整成圓形。鬆鬆地蓋上保鮮膜後**鬆弛**15分鐘。（**b**）

整形 → 烘烤

4 將**3**放到撒有麵粉（分量外）的砧板上，用手壓成直徑約10㎝的圓形，對折後收口。將收口處朝下並整成如馬鈴薯大小的圓形。其餘也依照相同作法製作。

5 將**4**放在鋪有烘焙紙的烤盤上，依序蓋上乾布巾、濕布巾，放入預熱至35～40℃微波烤箱內30分鐘，進行**二次發酵**。

6 在上半部塗上少許水（分量外），再沾上適量的芝麻。放入預熱至180℃的烤箱內，留意狀況烘烤約18分鐘。

這裡是重點！

a 馬鈴薯壓成泥後，加入混合好的粉類，再充分地混入其中

b 整體放上切成一口大小的馬鈴薯後，混入到麵團不沾手為止

進階變化　在麵團混入蔬菜烘烤，營養價值更升級！

加入果汁或茶混合

番茄麵包

將製作馬鈴薯麵包（作法請參考P32）的水分和油脂換成210cc的番茄汁＋15cc的橄欖油，就能做出色彩漂亮的義式麵包。

┤ 推薦的食材 ├

- 綠色蔬菜汁210cc＋橄欖油15cc
- 柳橙汁210cc＋奶油15g
- 抹茶＋水＝210cc＋奶油15g

※也可以用可可粉、泡得比較濃的咖啡或紅茶

加入細碎的蔬菜混合

紅蘿蔔麵包

製作馬鈴薯麵包（作法請參考P32）的粉類混合步驟時，改加入磨碎的紅蘿蔔泥150g＋水120cc＋奶油15g，就能做出營養滿滿的健康麵包！

紅蘿蔔泥先用微波爐加熱1分鐘後放涼備用

┤ 推薦的食材 ├

- 切碎的水煮菠菜150g＋水120cc＋奶油15g
- 切碎的水煮毛豆150g＋水120cc＋奶油15g
- 壓碎的香蕉150g＋水120cc＋奶油15g

用麵團包裹配料

烤咖哩麵包

不用油炸的健康咖哩麵包。
咖哩可以依喜好使用市售調理包，
或是用昨天吃剩的也OK！

一次發酵 ▶30分鐘	→	鬆弛時間 ▶15分鐘	→	二次發酵 ▶30分鐘	→	烘烤時間 ▶18分鐘

◉ **材 料**（8個份）

A
┌ 高筋麵粉 …… 300g
│ 鹽巴 …… 5g
│ 乾酵母 …… 4g
└ 砂糖 …… 15g
水 …… 195cc
奶油 …… 15g
麵包粉 …… 適量

●**內餡**
咖哩（調理包）
…… 200～240g
※1個麵包約用25～30g

事前準備

• 咖哩要選用水分較少的產品，保持冰涼的狀態使用。
• 食材比較大塊的話請先壓碎或切成小塊。

在麵團放上果泥、果醬或是包入配菜等。
只要吃1個就會感到非常滿足的餐點或點心麵包。

◉ 作法

用P10～13介紹的
麵團來製作！

製作麵團

1 將**A**的粉類放入調理盆中混合，加水攪拌到沒
　有粉粒為止，放上奶油後蓋上保鮮膜。

2 放入預熱至35～40℃的微波烤箱內30分鐘，
　進行**一次發酵**。

3 在**2**的麵團上撒上麵粉（分量外）後混入約
　30次，分切成8等分並整成圓形。鬆鬆地蓋
　上保鮮膜後**鬆弛**15分鐘。

整形 → 烘烤

4 將**3**放到撒有麵粉（分量外）的工作台或砧
　板上，延展成直徑約10㎝大小的圓形。放上
　25～30g的咖哩後對折，將收口處壓緊後整
　形。其餘也依照相同作法製作。（**a**）

5 將**4**放到鋪有烘焙紙的烤盤上，依序蓋上乾布
　巾、濕布巾，放入預熱至35～40℃的微波烤
　箱內30分鐘，進行**二次發酵**。

6 在**5**的表面塗上少許水分（分量外），裹上麵
　包粉，放入預熱至180℃的烤箱內，留意狀況
　烘烤約20分鐘。（**b**）

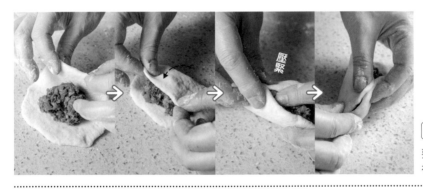

壓緊

a 在麵團放上咖哩
時，不要放太多到
要滿出麵團邊緣。麵團
在收口時要確實壓緊

b 包好後將收口朝下
調整形狀，用沾濕
的刷子在表面快速塗上
水分、裹上麵包粉。翻
面後依照相同作法製作

| 一次發酵 ▶ 30分鐘 |
| 鬆弛時間 ▶ 15分鐘 |
| 二次發酵 ▶ 30分鐘 |
| 烘烤時間 ▶ 20分鐘 |

肉醬麵包

包入肉醬的麵包不直接放進烤箱烘烤，
而是劃一刀，加以變化成時髦的造形

◉ **材 料** （8個份）

A	高筋麵粉 …… 300g	● **內餡**
	鹽巴 …… 5g	肉醬
	乾酵母 …… 4g	…… 200～240g
	砂糖 …… 15g	※1個麵包約用25～30g

水 …… 195cc
奶油 …… 15g

事前準備

使用水分較少、或是將汁液熬煮過的肉醬。

◉ **作 法**

用P10～13介紹的
麵團來製作！

製作麵團

1 將**A**的粉類放入調理盆中混合，加水攪拌到沒有粉
粒為止，放上奶油後蓋上保鮮膜。

2 放入預熱至35～40℃的微波烤箱內30分鐘，進行
一次發酵。

3 在**2**的麵團上撒上麵粉（分量外）後混入約30
次，分切成8等分並整成圓形。鬆鬆地蓋上保鮮膜
後**鬆弛**15分鐘。

整形 → 烘烤

4 將**3**放到撒有麵粉（分量外）的工作台或砧板上，
延展成直徑約10cm的圓形。再延展成橢圓形，放
上25～30g的肉醬後對折，將收口處壓緊、麵團
左右重疊後整形。其餘也依照相同作法製作。（**a**
）

5 將**4**收口朝下，用擀麵棍擀平後劃一刀縱切到底。
（**b**）

6 將**5**放到鋪有烘焙紙的烤盤上，依序蓋上乾布巾、
濕布巾，放入預熱至35～40℃的微波烤箱內30分
鐘，進行**二次發酵**。

7 放入預熱至180℃的烤箱內，留意狀況烘烤約20
分鐘。

這裡是重點！

a 放上配料後要將麵團對折，所以將肉醬稍微集
中放在某側並做成細長狀

壓緊

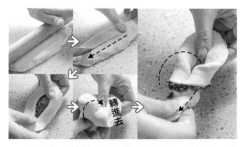

轉進去

b 在用擀麵棍擀平的麵團中央縱切一道切口，讓
麵團變成環狀，讓一側麵團穿過開口1次

鮪魚玉米麵包

運用不需多做準備的食材製作出很受小朋友喜愛的麵包。美乃滋在烘烤後會透過切痕融入麵包中

一次發酵 ▶ 30分鐘	
↓	
鬆弛時間 ▶ 15分鐘	
↓	
二次發酵 ▶ 30分鐘	
↓	
烘烤時間 ▶ 20分鐘	

◎ 材料（8個份）

```
A ┌ 高筋麵粉 …… 300g
  │ 鹽巴 …… 5g
  │ 乾酵母 …… 4g
  └ 砂糖 …… 15g
  水 …… 195cc
  奶油 …… 15g
  美乃滋 …… 適量
```

● 內餡
鮪魚（罐頭）…… 2小罐
甜玉米粒（罐頭，淨重）
…… 100g
美乃滋 …… 2大匙
※1個麵包約用25～30g

事前準備

將瀝乾水分的鮪魚、甜玉米粒和美乃滋混合備用。

用P10～13介紹的麵團來製作！

◎ 作法

製作麵團

1 將**A**的粉類放入調理盆中混合，加水攪拌到沒有粉粒為止，放上奶油後蓋上保鮮膜。

2 放入預熱至35～40℃的微波烤箱內30分鐘，進行**一次發酵**。

3 在 **2** 的麵團上撒上麵粉（分量外）後混入約30次，分切成8等分並整成圓形。鬆鬆地蓋上保鮮膜後**鬆弛**15分鐘。

整形 → 烘烤

4 將 **3** 放到撒有麵粉（分量外）的工作台或砧板上，延展成直徑約10cm大小的圓形。

5 再延展成橢圓形後在麵團的半側畫出短短的橫切痕，放上25～30g的鮪魚玉米後對折，將收口處壓緊後整形。其餘也依照相同作法製作。（ **a** ）

6 將 **5** 放到鋪有烘焙紙的烤盤上，依序蓋上乾布巾、濕布巾，放入預熱至35～40℃的微波烤箱內30分鐘，進行**二次發酵**。

7 在 **6** 淋上美乃滋，放入預熱至180℃的烤箱內，留意狀況烘烤約20分鐘。（ **b** ）

這裡是重點！

a 在麵團的半側縱向放上餡料，在沒放的半側麵團上橫切出約8道短短的切痕，再將麵團對折

b 烘烤前，擠上細細的美乃滋

一次發酵 ▶ 30分鐘	
鬆弛時間 ▶ 15分鐘	
二次發酵 ▶ 30分鐘	
烘烤時間 ▶ 20分鐘	

馬鈴薯沙拉麵包

將平常當成配菜的馬鈴薯沙拉包入麵包,就是稱職的主角了!馬鈴薯不管是壓成泥或是保留顆粒感都非常美味

◉ 材 料 (8個份)

┌ 高筋麵粉 ⋯⋯ 300g	● 內餡
│ 鹽巴 ⋯⋯ 5g	馬鈴薯沙拉
A│ 乾酵母 ⋯⋯ 4g	⋯⋯ 200〜240g
└ 砂糖 ⋯⋯ 15g	※1個麵包約用25〜30g
水 ⋯⋯ 195cc	
奶油 ⋯⋯ 15g	
黑胡椒 ⋯⋯ 適量	

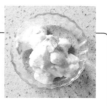

事前準備

馬鈴薯沙拉如果水分較多,在包入前要先稍微去除水分。

◉ 作 法

用P10〜13介紹的麵團來製作!

製作麵團

1 將**A**的粉類放入調理盆中混合,加水攪拌到沒有粉粒為止,放上奶油後蓋上保鮮膜。

2 放入預熱至35〜40℃的微波烤箱內30分鐘,進行**一次發酵**。

3 在**2**的麵團上撒上麵粉(分量外)後混入約30次,分切成8等分並整成圓形。鬆鬆地蓋上保鮮膜後**鬆弛**15分鐘。

整形→烘烤

4 將**3**放到撒有麵粉(分量外)的工作台或砧板上,延展成直徑約10㎝大小的圓形。放上25〜30g的馬鈴薯沙拉對折後,將收口處壓緊、麵團左右重疊後整成圓形。其餘也依照相同作法製作。(**a**)

5 將**4**放到鋪有烘焙紙的烤盤上,依序蓋上乾布巾、濕布巾,放入預熱至35〜40℃的微波烤箱內30分鐘,進行**二次發酵**。

6 在**5**的表面撒上黑胡椒,放入預熱至180℃的烤箱內,留意狀況烘烤約20分鐘。

※撒上黑胡椒前也可以先塗一些蛋液

這裡是重點!

a 在延展成圓形的麵團中間放上25〜30g的馬鈴薯沙拉,以延伸麵團邊緣般包起來,將收口壓緊

進階變化　選用加熱也不會融化的果醬、果泥或配菜

甜味內餡甜點麵包

果醬麵包

將馬鈴薯沙拉麵包的內餡，以每個麵包用喜歡的果醬30g代換，就能做出很適合當點心的鬆軟甜點麵包。

推薦的食材
- 紅豆餡
- 巧克力奶油
- 花生奶油

分量滿點餐點麵包

黑豆麵包

和馬鈴薯沙拉麵包作法相同，將內餡以每個麵包用甜味黑豆30g取代後烘烤，就能簡單做出黑豆麵包。只要包入市售的日式、中式、西式料理即食調理包，就能簡單地享受各種風味。

推薦的食材
- 金平風味蔬菜
- 牛蒡沙拉
- 肉丸子
- 叉燒肉

奶油麵包卷

在麵團中混入奶油後再用麵團包裹奶油，
充滿芳香醇厚的香氣。奶油趁固態的時候包入

◉ **材料**（8個份）

A
- 高筋麵粉 …… 300g
- 鹽巴 …… 5g
- 乾酵母 …… 4g
- 砂糖 …… 15g

水 …… 195cc
奶油 …… 15g

● **內餡**
奶油 …… 96g
※1個麵包約用12g

> **事前準備**
> 將內餡用的奶油切成16等分的棒狀。

◉ **作法**

用P10～13介紹的
麵團來製作！

製作麵團

1 將**A**的粉類放入調理盆中混合，加水攪拌到沒有粉
粒為止，放上奶油後蓋上保鮮膜。

2 放入預熱至35～40℃的微波烤箱內30分鐘，進行
一次發酵。

3 在**2**的麵團上撒上麵粉（分量外）後混入約30
次，分切成8等分並整成圓形。鬆鬆地蓋上保鮮膜
後**鬆弛**15分鐘。

整形 → 烘烤

4 將**3**放到撒有麵粉（分量外）的工作平台砧板上，
延展成直徑約10cm大小的圓形。對折後將收口處
壓緊，將麵團整成細長橢圓狀之後擀成長長的三角
形。（**a**）

5 在**4**的短邊放上2塊奶油後用麵團包起，麵團捲完
後將收口處壓緊。（**b**）

6 將**5**放到鋪有烘焙紙的烤盤上，依序蓋上乾布巾、
濕布巾，放入預熱至35～40℃的微波烤箱內30分
鐘，進行**二次發酵**。

7 放入預熱至180℃的烤箱內，留意狀況烘烤約20
分鐘。烘烤前�烘烤時流比較的油脂塗抹在烤好的麵包上。

一次發酵 ▶ 30分鐘
鬆弛時間 ▶ 15分鐘
二次發酵 ▶ 30分鐘
烘烤時間 ▶ 20分鐘

這裡是重點！

a 將麵團整成細長圓棒狀後用擀麵棍擀開。用手
壓住下方的同時往上擀開，做成長長的三角形

滾動

b 在三角形的上方放上2塊奶油，用左右兩側的
麵團將奶油固定後滾動捲起

南瓜麵包

利用南瓜本身甜味製成餡料,塗抹整面後烘烤,所以不管從哪裡咬都會充滿甜味!

◉ **材料**（21×9×6cm的磅蛋糕模具,1個份）※

A
┌ 高筋麵粉 ⋯⋯ 300g
│ 鹽巴 ⋯⋯ 5g
│ 乾酵母 ⋯⋯ 4g
└ 砂糖 ⋯⋯ 15g
水 ⋯⋯ 195cc
奶油 ⋯⋯ 15g

● **內餡**
去皮南瓜 ⋯⋯ 200g
砂糖 ⋯⋯ 2大匙

※也可以用長邊約20cm的空鐵盒等

事前準備

將南瓜用微波爐加熱約4分鐘,去皮後加入砂糖混合攪拌、靜置冷涼。

用P10～13介紹的麵團來製作!

| 一次發酵 ▶ 30分鐘 |
| 鬆弛時間 ▶ 20分鐘 |
| 二次發酵 ▶ 40分鐘 |
| 烘烤時間 ▶ 25分鐘 |

◉ **作法**

製作麵團

1 將**A**的粉類放入調理盆中混合,加水攪拌到沒有粉粒為止。放上奶油後蓋上保鮮膜。

2 放入預熱至35～40℃的微波烤箱內30分鐘,進行**一次發酵**。

3 在**2**的麵團上撒上麵粉（分量外）後混入約30次,分切成4等分並整成圓形。鬆鬆地蓋上保鮮膜後**鬆弛**20分鐘。

整形 → 烘烤

4 將**3**再次整成圓形後放到撒有麵粉（分量外）的砧板上,將麵團延展成橢圓形。

5 在**4**的整麵上塗抹1/4量的南瓜泥,折三摺後收口。用擀麵棍將擀成長條,從一端捲起後,放入鋪有烘焙紙的模具中。其餘也依照相同作法製作。（參考P15的作法4、5）(**a**)

6 在**5**依序蓋上乾布巾、濕布巾,放入預熱至35～40℃的微波烤箱內40分鐘,進行**二次發酵**。

7 放入預熱至180℃的烤箱內,留意狀況烘烤約25分鐘。出爐後拿掉烘焙紙散熱。(**b**)

這裡是重點!

a 整體塗抹上南瓜泥,不要讓南瓜泥外露,以便確實壓緊收口。用擀麵棍擀開,一邊壓一邊包捲起來,將捲完的收口處朝下放入模具中

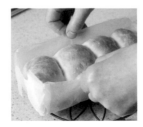

b 連同烘焙紙一起脫模,放到冷卻架或是網篩上讓麵包放涼

用麵團捲編配料

紅豆大理石麵包

紅豆餡一般都是包在麵包中，但將其抹在麵團上，
以2股編好後捲起來。切開後會呈現大理石般的花紋，
甜味也會擴散到整體，做出滋味高雅的美味麵包

一次發酵 ▶30分鐘	鬆弛時間 ▶20分鐘	二次發酵 ▶30分鐘	烘烤時間 ▶30分鐘

◉ **材 料** （19.5×9.5×9.5cm的吐司模具，日規1斤[454g]）

A
- 高筋麵粉 …… 300g
- 鹽巴 …… 5g
- 乾酵母 …… 4g
- 砂糖 …… 15g

水 …… 195cc

奶油 …… 15g

● **內餡**

含糖紅豆餡 …… 200g

如果可以熟練地將餡料包在麵包中的話，
就來變化形狀，增添做麵包的樂趣吧！

用P10～13
介紹的
麵團來製作！

◉ 作 法

製作麵團

1 將**A**的粉類放入調理盆中混合，加水攪拌到沒有粉粒為止。放上奶油後蓋上保鮮膜。

2 放入預熱至35～40℃的微波烤箱內30分鐘，進行**一次發酵**。

3 在**2**的麵團上撒上麵粉（分量外）後混入約30次，分切成2等分並整成圓形。鬆鬆地蓋上保鮮膜後**鬆弛**20分鐘。

整形→烘烤

4 將**3**再次整成圓形後放到撒有麵粉（分量外）的砧板上，折三摺再將收口處壓緊。用擀麵棍擀成長方形。在上面塗上一半分量的紅豆餡。（**a**）

5 將**4**的長邊從邊緣捲起成棒狀，將收口處置於側面。保留上方的3cm不切，往下切開到底。（**b**）

6 將麵團像繩子一樣左右交叉編成2股，編好後由收口處往上捲起，捲好後放入鋪有烘焙紙的模具裡。其餘也依照相同作法製作。（**c**）

7 在**6**上依序蓋上乾布巾、濕布巾，放入預熱至35～40℃的微波烤箱內約30分鐘，進行**二次發酵**。

8 放入預熱至180℃的烤箱內，留意狀況烘烤約30分鐘。烤好後拿掉烘焙紙散熱。（**d**）

這裡是重點！

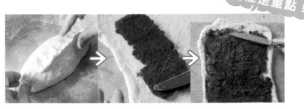

a 用擀麵棍擀成約20×18cm的薄長方形，在麵團整體塗滿紅豆餡。為了不要讓餡料露出麵團外，稍微留些邊緣的部分不塗

b 將麵團的長邊往上捲，當成轉軸的中心捲起來，捲完的收口處要確實壓緊。將收口置於側邊，保留上方的3cm不切，往下切開到底，會變成如圓規般的樣子

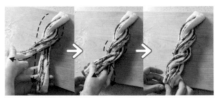

滾動

c 將分切開的麵團左右交叉，像繩子般編成2股。由收口處往上捲起，要確實包捲到中心處變得突出，捲好後放入鋪有烘焙紙的模具中，放入時收口要置於模具中央

d 連同烘焙紙一起脫模，放到冷卻架或是網篩上讓麵包放涼

43

肉桂卷

放入大量風味絕佳且大受歡迎的肉桂。
為了要在品嘗時能最直接的感受到甜甜的香氣，
在整形時盡量製作成將肉桂呈現在外的形狀

一次發酵 ▶30分鐘 → 鬆弛時間 ▶20分鐘 → 二次發酵 ▶30分鐘 → 烘烤時間 ▶18分鐘

◉ **材料**（8個份）

A ⎡ 高筋麵粉 …… 300g
　 ├ 鹽巴 …… 5g
　 ├ 乾酵母 …… 4g
　 ⎣ 砂糖 …… 15g
水 …… 195cc
奶油 …… 15g

● **內餡**
砂糖 …… 2大匙
肉桂粉 …… 2大匙
奶油 …… 1大匙

硬麵包系

◉ 作 法

用P10～13介紹的
麵團來製作！

製作麵團

1 將**A**的粉類放入調理盆中混合，加水攪拌到沒有粉粒為止。放上奶油後蓋上保鮮膜。

2 放入預熱至35～40℃的微波烤箱內30分鐘，進行**一次發酵**。

3 在**2**的麵團上撒上麵粉（分量外）後混入約30次，分切成2等分並整成圓形。鬆鬆地蓋上保鮮膜後**鬆弛**20分鐘。

整形 → 烘烤

4 在工作台或砧板上撒上麵粉（分量外），將**3**的麵團用擀麵棍擀成約25×25㎝。整體塗上一半分量的奶油，再依序撒上一半分量的砂糖、肉桂粉。其餘也依照相同作法製作。（**a**）

5 將**4**從邊緣捲起成棒狀，捲好後壓緊收口。用刀子斜斜地切成4等分，從麵團中間用力往下壓。（**b**）（**c**）

6 將**5**排放在鋪有烘焙紙的烤盤上，依序蓋上乾布巾、濕布巾，放入預熱全35～40℃的微波烤箱內30分鐘，進行**二次發酵**。

7 放入預熱至140℃的烤箱內，留意狀況烘烤約18分鐘。

這裡是重點！

a 在麵團整體塗上一層薄薄的奶油，留下邊緣不塗，在整面撒上砂糖，最後再撒上肉桂粉

滾動

b 將麵團近身側稍微折起來當成軸心，這樣就能簡單捲出漂亮的棒狀

壓緊

c 將捲好後的收口朝下，像是切出梯形般用刀子斜斜切開，切成4等分後用兩手的食指從麵團正中央用力往下壓

一次發酵 ▶ 30分鐘
↓
鬆弛時間 ▶ 15分鐘
↓
二次發酵 ▶ 30分鐘
↓
烘烤時間 ▶ 15分鐘

巧克力麵包

看起來好像有點難，但只需將麵團劃出切痕後
再把兩端合起來。烘烤後巧克力融化得恰到好處！

◉ **材料**（6個份）

A
高筋麵粉 …… 300g
鹽巴 …… 5g
乾酵母 …… 4g
砂糖 …… 15g
水 …… 195cc
奶油 …… 15g

● **內餡**
巧克力米 …… 100g

用P10～13介紹的
麵團來製作！

◉ **作法**

製作麵團

1 將**A**的粉類放入調理盆中混合，加水攪拌到沒有粉粒為止。放上奶油後蓋上保鮮膜。

2 放入預熱至35～40℃的微波烤箱內30分鐘，進行**一次發酵**。

3 在**2**的麵團上撒上麵粉（分量外）後混入約30次，分切成6等分並整成圓形。鬆鬆地蓋上保鮮膜後**鬆弛**15分鐘。

整形 → 烘烤

4 將**3**放到撒有麵粉（分量外）的工作台或砧板上，延展成直徑約10㎝的圓形。接著再用擀麵棍擀成橢圓形，用刀子劃出密集的縱向切痕，在整體撒上巧克力米。（**a**）

5 將**4**的麵團斜向捲好後壓緊收口。將麵團兩端相連再壓緊，做成像甜甜圈般的形狀。其餘也依照相同作法製作。（**b**）

6 將**5**排放在鋪有烘焙紙的烤盤上，依序蓋上乾布巾、濕布巾，放入預熱至35～40℃的微波烤箱內30分鐘，進行**二次發酵**。

7 放入預熱至140℃的烤箱內，留意狀況烘烤約15分鐘。

這裡是重點！

a 將麵團擀成厚薄一致，保留上方及下方的部分不切，在中央切出8～10道縱向切痕，在整體撒上巧克力米

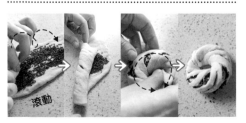

滾動

b 將麵團斜向捲成細長狀，把兩端相連再壓緊，做成像甜甜圈般的圓形

火腿起司麵包

融化後的起司和火腿及麵包合為一體，
小巧的手撕麵包。很推薦拿來當早餐！

◎ 材 料 （6個份）

A
- 高筋麵粉 …… 200g
- 鹽巴 …… 3g
- 乾酵母 …… 3g
- 砂糖 …… 10g

水 …… 130cc
奶油 …… 15g
杏仁片 …… 適量

●內餡
- 起司片 …… 6片
- 火腿 …… 12片

◎ 作 法

用P10～13介紹的
麵團來製作！

製作麵團

1 將**A**的粉類放入調理盆中混合，加水攪拌到沒有粉
　粒為止。放上奶油後蓋上保鮮膜。

2 放入預熱至35～40℃的微波烤箱內30分鐘，進行
　一次發酵。

3 在**2**的麵團上撒上麵粉（分量外）後混入約30
　次，分切成6等分並整成圓形。鬆鬆地蓋上保鮮膜
　後**鬆弛**15分鐘。

整形→烘烤

4 將**3**再次整成圓形，放到撒有麵粉（分量外）的工
　作台或砧板上，延展成直徑約10㎝大小的圓形。
　依序放上1片起司片、2片火腿，再將麵團捲成棒
　狀，捲好後壓緊收口。（**a**）

5 將**4**切成4等分的圓片，將4片麵團相連後放入鋪
　有烘焙紙的烤盤。依序蓋上乾布巾、濕布巾，放入
　預熱至35～40℃的微波烤箱內約30分鐘，進行**二
　次發酵**。（**b**）

6 在**5**上撒上杏仁片，放入預熱至180℃的烤箱內，
　留意狀況烘烤約20分鐘。

一次發酵 ▶ 30分鐘
鬆弛時間 ▶ 15分鐘
二次發酵 ▶ 30分鐘
烘烤時間 ▶ 20分鐘

這裡是重點！

滾動

a 將麵團的左右兩側及下面折起，以固定住中間
的內餡，一邊壓著火腿一邊從下方往上捲起，
如此一來切開的斷面就會呈現漂亮的螺旋狀

b 為了不要壓壞麵團，要小心地將麵團切成4等
分，將麵團相連後排放在烤盤上。如此就能烤
出手撕麵包

一次發酵 ▶ 30分鐘

鬆弛時間 ▶ 15分鐘

二次發酵 ▶ 30分鐘

烘烤時間 ▶ 20分鐘

這裡是重點！

a 將麵團用成細長狀後，一邊滾動一邊搓長，就能做出粗細一致的棒狀。為了要能確實將香腸捲起，所以要做成長一點的棒狀

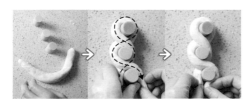

b 將麵團繞著香腸以∞狀般捲起，在捲到第三個香腸時以U字形迴轉。依照相同的作法將另一邊包捲起來，捲好後確實壓緊收口處

起司魚肉香腸麵包

用麵團和起司包裹住切塊、
排列如踏腳石的魚肉香腸，烤出漂亮的顏色

◉ 材料 （6個份）

A
- 高筋麵粉 …… 300g
- 鹽巴 …… 5g
- 乾酵母 …… 4g
- 砂糖 …… 15g

水 …… 195cc
奶油 …… 15g

● **內餡**
披薩用起司 …… 60g
魚肉香腸 …… 3根

事前準備
將每一根魚肉香腸都分切成6等分。

◉ 作法

用P10～13介紹的麵團來製作！

製作麵團

1 將**A**的粉類放入調理盆中混合，加水攪拌到沒有粉粒為止。放上奶油後蓋上保鮮膜。

2 放入預熱至35～40℃的微波烤箱內30分鐘，進行**一次發酵**。

3 在**2**的麵團上撒上麵粉（分量外）後混入約30次，分切成6等分並整成圓形。鬆鬆地蓋上保鮮膜後**鬆弛**15分鐘。

整形→烘烤

4 將**3**放到撒有麵粉（分量外）的工作台或砧板上，延展成直徑約10㎝大小的圓形。對折後壓緊收口，延展成20～25㎝長的棒狀。（**a**）

5 將魚肉香腸稍微取出間隔排列，將麵團以S形的方式將香腸包捲起來。（**b**）

6 放到鋪有烘焙紙的烤盤上，依序蓋上乾布巾、濕布巾，放入預熱至35～40℃的微波烤箱內30分鐘，進行**二次發酵**。

7 在**6**放上起司後放入預熱至180℃的烤箱內，留意狀況烘烤約20分鐘。

西式香腸麵包

和麵包一起充分加熱過的香腸
會更加凸顯鮮甜味。很適合搭配啤酒

◎ **材料**（6個份）

A
- 高筋麵粉 …… 300g
- 鹽巴 …… 5g
- 乾酵母 …… 4g
- 砂糖 …… 15g

水 …… 195cc
奶油 …… 15g

● **內餡**
西式香腸（長形）
…… 6根

事前準備

只要是長形的香腸就可以，準
備喜歡的就好。

◎ **作 法**

用P10～13介紹的
麵團來製作！

製作麵團

1 將**A**的粉類放入調理盆中混合，加水攪拌到沒有粉
粒為止。放上奶油後蓋上保鮮膜。

2 放入預熱至35～40℃的微波烤箱內30分鐘，進行
一次發酵。

3 在 **2** 的麵團上撒上麵粉（分量外）後混入約30
次，分切成6等分並整成圓形。鬆鬆地蓋上保鮮膜
後**鬆弛**15分鐘。

整形→烘烤

4 將**3**放到撒有麵粉（分量外）的工作台或砧板上，
延展成直徑約10cm大小的圓形。對折後壓緊收口
處，延展成約30cm長的棒狀。（**a**）

5 用**4**的麵團將香腸邊壓邊包捲起來，包捲的開頭和
最後，都要將收口和香腸壓緊密合。

6 放到鋪有烘焙紙的烤盤上，依序蓋上乾布巾、濕布
巾，放入預熱至35～40℃的微波烤箱內30分鐘，
進行**二次發酵**。

7 在 **6** 塗上蛋液（分量外），放入預熱至180℃的烤
箱內，留意狀況烘烤約20分鐘。（**b**）

一次發酵 ▶	30分鐘
鬆弛時間 ▶	15分鐘
二次發酵 ▶	30分鐘
烘烤時間 ▶	20分鐘

這裡是重點！

轉動

a 香腸除了上下方各留一段外，其他部分都用麵
團包捲起來

b 依喜好在麵團表面塗上蛋液，出爐時就會呈現
光澤

製作基本麵團 >>

1 混合粉類材料

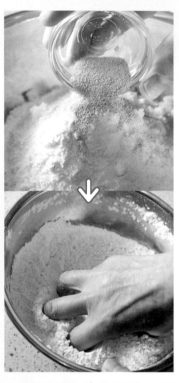

在調理盆中放入麵粉、鹽巴、乾酵母等混合。若想讓麵包偏甜，也可加入砂糖。

> 麵粉可換成
> 裸麥麵粉或米粉等，
> 也可以和麵粉混合

2 倒入水後混合

以繞圈的方式將水倒入 1 裡，混合至沒有粉粒。

> 倒入的水量基準大約為
> 麵粉重量的65～70%。
> 果汁或其他液體也一樣

的 麵 團

主要材料只有粉類和水，非常簡單。
將材料的粉類和水混合至滑順後
再使其發酵，就能做出口感絕佳的麵包。

③ 一次發酵

將②蓋上保鮮膜，放入預熱好的微波烤箱中發酵。**麵團可以如網狀般延展開來，就表示產生有彈性的筋性。**

一般來說是
用35～40℃
發酵30分鐘

④ 混入約30次

在③撒上麵粉（分量外），接著混入約30次至不沾手為止。

要加入葡萄乾或
堅果類的話，
就在此步驟加入

用什麼方式混合都可以，
只要麵團有成團即可。
在混合時會排出氣體

5 整成圓形 →鬆弛

將 **4** 的麵團放到撒有手粉的砧板或調理盆上，依製作的麵包將麵團分切後整成圓形，鬆鬆地蓋上保鮮膜，讓麵團鬆弛一段時間。

6 整形

整圓後依喜好變化

延伸成細長狀

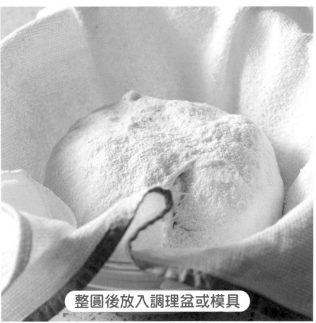

整圓後放入調理盆或模具

將 **5** 的麵團延展開→折疊→再度整成圓形→調整成喜歡的形狀。

麵團的
鬆弛時間約是
大的20分鐘、
小的15分鐘

7 雙布巾→二次發酵

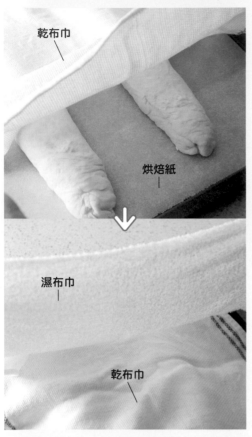

乾布巾

烘焙紙

濕布巾

乾布巾

將6放在鋪有烘焙紙的烤盤中,蓋上乾布巾後再蓋上一條濕布巾,放入預熱好的微波烤箱中,再讓麵團發酵。

一般來說
用35～40℃發酵
約30分鐘

8 烘烤

在7撒上麵粉後放入預熱好的烤箱中,一邊觀察狀態一邊烘烤。烘烤的時間或溫度要依麵包做調整。

如果要
劃出切痕的話,
烘烤前再劃

使用噴霧器噴灑水、將裝水的耐熱容器放在烤盤的一角,產生的水蒸氣能避免麵包表面太快烤好而變硬,麵團也會變得較易膨脹。此外,還能有讓麵包表面變得酥脆的效果

硬麵包系 基本麵包

鄉村麵包

在法語中本來就是「鄉下的麵包」的意思，是一款樸實的麵包。
表面切痕的花樣酥脆、內部氣孔滿布的話就是成功了！
比起烤好後馬上吃，稍微放涼後會更美味

一次發酵 ▶30分鐘 → 鬆弛時間 ▶20分鐘 → 二次發酵 ▶40分鐘 → 烘烤時間 ▶25分鐘

◉ **材料** （直徑15cm，1個份）

┌ 高筋麵粉 …… 220g   水 …… 195cc
│ 低筋麵粉 …… 80g
A 鹽巴 …… 6g
│ 乾酵母 …… 4g
└ 砂糖 …… 9g

◎ 作法

 用P50～53介紹的麵團來製作！

製作麵團

1 將**A**的粉類放入調理盆中混合，加水攪拌到沒有粉粒為止。蓋上保鮮膜。

2 放入預熱至35～40℃的微波烤箱內30分鐘，進行**一次發酵**。

3 在**2**的麵團上撒上麵粉（分量外）後混入約30次並整成圓形。鬆鬆地蓋上保鮮膜後**鬆弛**20分鐘。

整形 → 烘烤

4 在**3**整體撒上麵粉（分量外）後再次整成圓形，從遠身處往內折1/3，重疊上近身側的1/3。再將左右兩邊折起貼合，旋轉般收口後整形。

5 在直徑15㎝的調理盆內放入乾布巾，放入整形完成的**4**，再次撒上麵粉後用乾布巾包起。上方蓋上濕布巾，放入預熱至35～40℃的微波烤箱內40分鐘，進行**二次發酵**。

在調理盆上鋪乾布巾後撒上麵粉（分量外），將麵團收口朝上，輕輕放入調理盆中，再撒上麵粉（分量外）

用鋪的乾布巾將麵團包起，再蓋上濕布巾。發酵後的麵團有蓬鬆地膨脹就OK

6 在**5**撒上麵粉反扣全鋪有烘焙紙的烤盤上，用刀子在麵團表面劃出喜歡的切痕。

將刀刃稍微傾斜，就能不破壞麵團，烤出漂亮的切痕

7 用噴霧器在麵團表面噴灑水分，先放入預熱至220℃的烤箱內2分鐘後再烘烤15分鐘。將溫度調降至200℃，留意狀況再烘烤約10分鐘。

 切開後麵包有許多小氣孔的話，就是烤得美味的證據！

小麵包

將鄉村麵包的麵團整形成比較小、
可以一次吃完的尺寸。風味單純，
很適合拿來搭配湯品或料理一起享用

一次發酵 ▶30分鐘	鬆弛時間 ▶15分鐘	二次發酵 ▶30分鐘	烘烤時間 ▶18分鐘

◉ 材料（6個份）

A ┌ 高筋麵粉 ……… 220g
　├ 低筋麵粉 ……… 80g
　├ 鹽巴 ……… 6g
　├ 乾酵母 ……… 4g
　└ 砂糖 ……… 9g

水 ……… 195cc

● 作 法

用P50～53介紹的
麵團來製作！

製 作 麵 團

1 將 **A** 的粉類放入調理盆中混合，加水攪拌到沒有粉粒為止。蓋上保鮮膜。

2 放入預熱至 35～40℃的微波烤箱內 30 分鐘，進行**一次發酵**。

3 在 **2** 的麵團上撒上麵粉（分量外）後混入約 30 次，放在撒有麵粉的砧板上後分切成 6 等分並整成圓形。鬆鬆地蓋上保鮮膜後**鬆弛**15 分鐘。

整 形 → 烘 烤

4 將 **3** 放到撒有麵粉（分量外）的砧板上，用手延展成直徑約 10 ㎝的圓形。將麵團 4 邊往中心折，接著再將上下 2 角內折，將收口確實壓緊後整成杏仁般的形狀。其餘也依照相同作法製作。

5 將 **4** 的收口朝下，排放在鋪有烘焙紙的烤盤上。依序蓋上乾布巾、濕布巾，放入預熱至 35～40℃的微波烤箱內 30 分鐘，進行**二次發酵**。

6 在 **5** 撒上麵粉，依喜好用刀子劃出切痕。在烘烤前用噴霧器在整體噴灑水分。

7 放入預熱至 200℃的烤箱，留意狀況烘烤約 18 分鐘。

淋上油脂或水分，
烤出漂亮的切痕

在麵團的切痕上淋上適量的奶油、植物油或水，出爐後切痕就會漂亮地展開

一次發酵 ▶ 30分鐘

↓

鬆弛時間 ▶ 20分鐘

↓

二次發酵 ▶ 30分鐘

↓

烘烤時間 ▶ 22分鐘

硬麵包系 **基本麵包**

軟法麵包

將鄉村麵包的麵團
延展成細長狀做成法國長棍麵包！
出爐後表面脆硬、內部麵包體則會略微濕潤

● **材料**（2條份）

A ┌ 高筋麵粉 …… 220g
  │ 低筋麵粉 …… 80g
  │ 鹽巴 …… 6g
  │ 乾酵母 …… 4g
  └ 砂糖 …… 9g
水 …… 195cc

用P50～53介紹的
麵團來製作！

● **作法**

製作麵團

1 將**A**的粉類放入調理盆中混合，加水攪拌到沒有粉粒為止。蓋上保鮮膜。

2 放入預熱至35～40℃的微波烤箱內30分鐘，進行**一次發酵**。

3 在 **2** 的麵團上撒上麵粉（分量外）後混入約30次，放在撒有麵粉的砧板上後分切成2等分並整成圓形。鬆鬆地蓋上保鮮膜後**鬆弛**20分鐘。

整形 → 烘烤

4 將 **3** 放到撒有麵粉（分量外）的砧板上，再次在整體撒上麵粉後用手延展成圓形。從遠身處往內折1/3，重疊上近身側的1/3，將收口處壓緊後整成細長狀。

5 將 **4** 的收口朝下，排放在鋪有烘焙紙的烤盤上。依序蓋上乾布巾、濕布巾，放入預熱至35～40℃的烤箱內30分鐘，進行**二次發酵**。

6 在 **5** 撒上麵粉，用刀子劃出切痕。在烘烤前用噴霧器在整體噴灑水分，將裝水的耐熱容器放在烤盤的一角。

7 先放入預熱至220℃的烤箱內2分鐘後再烘烤10分鐘。將烤箱溫度調降至200℃，留意狀況再烘烤約10分鐘。

這裡是重點！

將折好的麵團收口處確實壓緊，將收口朝下後用手滾動並整成細長狀

壓緊

葡萄乾堅果麵包

加入大量葡萄乾和堅果，甜味高雅的麵包。
放上奶油或起司，就變成更加奢華的風味

◎ 材料（2條份）

A
- 高筋麵粉 …… 220g
- 低筋麵粉 …… 80g
- 鹽巴 …… 6g
- 乾酵母 …… 4g
- 砂糖 …… 9g
水 …… 195cc

葡萄乾 …… 75g
喜歡的堅果類（烘烤過）
…… 125g

事前準備

- 葡萄乾先浸水10分鐘泡發，再確實瀝乾備用。
- 可以選用杏仁、榛果等喜歡的堅果，切碎備用。

◎ 作法

製作麵團

1 將**A**的粉類放入調理盆中混合，加水攪拌到沒有粉粒為止。蓋上保鮮膜。

2 放入預熱至35～40℃的微波烤箱內30分鐘，進行**一次發酵**。

3 在**2**的麵團加入葡萄乾和堅果後混入約30次。

4 將**3**放在撒有麵粉（分量外）的砧板上，分切成2等分並整圓。鬆鬆地蓋上保鮮膜後**鬆弛**20分鐘。

整形 → 烘烤

5 將**4**放到撒有麵粉的砧板上，再次在整體撒上麵粉後用手延展成圓形。從遠身處往內折1/3，重疊上近身側的1/3做成細長狀，將收口處壓緊後整形。

6 將**5**的收口朝下，排放在鋪有烘焙紙的烤盤上。依序蓋上乾布巾、濕布巾，放入預熱至40℃的微波烤箱內30分鐘，進行**二次發酵**。

7 在**6**撒上麵粉，用刀子劃出切痕。在烘烤前用噴霧器在整體噴灑水分，將裝水的耐熱容器放在烤盤的一角。

8 先放入預熱至220℃的烤箱內2分鐘再烘烤10分鐘。將溫度調降至200℃，留意狀況再烘烤約10分鐘。

硬麵包系

一次發酵 ▶ 30分鐘
鬆弛時間 ▶ 20分鐘
二次發酵 ▶ 30分鐘
烘烤時間 ▶ 22分鐘

這裡是重點！

在一次發酵好的麵團中加入葡萄乾、堅果，用刮板等快速地混合，麵團就不會再增加筋性。另外隨著整圓的動作，也會均勻地遍布在整體之中

硬麵包系
基本麵包

裸麥麵包

加入裸麥麵粉，富含維生素和膳食纖維的健康麵包。
與代表性的德國麵包相比更加輕盈柔軟，
酸味比較不明顯，所以更好入口

一次發酵 ▶30分鐘 → 鬆弛時間 ▶20分鐘 → 二次發酵 ▶40分鐘 → 烘烤時間 ▶27分鐘

◉ **材 料** （1個份）

┌ 高筋麵粉 ……… 260g
│ 裸麥麵粉 ……… 40g
A 鹽巴 ……… 6g
│ 乾酵母 ……… 4g
└ 砂糖 ……… 9g

水 ……… 195cc

用P50～53介紹的
麵團來製作！

◎ 作 法

製作麵團

1 將**A**的粉類放入調理盆中混合，加水攪拌到沒有粉粒為止。蓋上保鮮膜。

先將裸麥麵粉加入麵粉
中，再和其他材料一起
混合。除了裸麥麵粉以
外，加入其他粉類時也
都是在這個時候加入！

2 放入預熱至35～40℃的微波烤箱內30分鐘，進行**一次發酵**。

3 在**2**的麵團上撒上麵粉（分量外）後混入約30次，放在撒有麵粉的砧板上後整成圓形。再移到
調理盆中，鬆鬆地蓋上保鮮膜後**鬆弛**20分鐘。

整形 → 烘烤

4 將**3**放到撒有麵粉的砧板上，再次在整體撒上麵粉後用手壓成圓形。對折後將收口處壓緊，再調
整形狀。

將收口朝下，從上方下
壓施力的同時滾動麵
團，整成細長狀

5 將**4**的收口朝下，排放在鋪有烘焙紙的烤盤上。依序蓋上乾布巾、濕布巾，放入預熱至35～
40℃的微波烤箱內40分鐘，進行**二次發酵**。

6 在**5**撒上麵粉，用刀子劃出切痕。噴灑水分再將裝水的耐熱容器放在烤盤一角。

在表面噴上水分，就能
烤出脆硬的外皮。放水
一起烘烤有助於膨脹

7 先放入預熱至220℃的烤箱內2分鐘後再烘烤15分鐘。將烤箱溫度調降至200℃後，留意狀況再
烘烤10分鐘。

硬麵包系
基本麵包

貝果

基本作法就是將發酵好的麵團
用熱水燙過後再烘烤。透過這道工序，
就能做出貝果特有的柔軟Q彈口感

原味貝果

在燙麵團的水中加入蜂蜜，
就能烤出漂亮的色澤

靜置時間 ▶ 10分鐘
↓
發酵時間 ▶ 30分鐘
↓
燙麵時間 ▶ 1分鐘
↓
烘烤時間 ▶ 18分鐘

◉ 材料 （6個份）

A ┌ 高筋麵粉 ········ 300g
　├ 鹽巴 ········ 6g
　├ 乾酵母 ········ 4g
　└ 砂糖 ········ 9g
　　水 ········ 180cc

B ┌ 水 ········ 1000cc
　└ 蜂蜜或砂糖 ········ 2大匙

◉ 作法

製作麵團

1 將**A**的粉類放入調理盆中充分混合，加水攪拌到沒有粉粒為止。蓋上保鮮膜。春夏季時在室溫靜置10分鐘；秋冬季時則放入預熱至35～40℃的微波烤箱內靜置10分鐘。

整形 → 烘烤

2 在**1**的麵團上撒上麵粉（分量外）後混入約30次，放在撒有麵粉的砧板上，用刮板分切成6等分並整成圓形。

3 再次在**2**撒上麵粉，用手延展成直徑約10cm大小的圓形。將邊緣往中央折起後壓緊收口處。再延展成橢圓形。

將麵團的邊緣往中央集中，像肉包子一樣將收口壓緊。輕輕將麵團壓扁後再延展成橢圓形

4 將**3**捲起成細長狀，捲好後確實壓緊收口處。將捲起的一端孔洞壓緊，滾動麵團搓成約20cm長的細長棒狀，再整形成甜甜圈般的形狀。其餘也依照相同作法製作。

用手指壓住留有開口處的麵糰並往後扯，就可以順利地將麵團延展成細長狀

將麵團的開口處攤開，把壓緊孔洞的那端塞進開口中，再壓緊收口處

5 將麵團排放在鋪有烘焙紙的烤盤上，依序蓋上乾布巾、濕布巾，放入預熱至40℃的微波烤箱內30分鐘，讓麵團**發酵**。

6 在鍋中加入**B**，慢慢煮至沸騰後一次一個地放入**5**，兩面各燙煮30秒後取出瀝乾。

將麵團兩面都燙煮過後，先暫時放在布巾或廚房紙巾上瀝乾

7 將**6**的麵團放回烤盤上，將裝水（分量外）的耐熱容器放在烤盤一角，放入預熱至200℃的烤箱內，留意狀況烘烤約18分鐘。

在麵團中混入配料

芝麻貝果

在製作貝果的混合粉類步驟（請參考P63原味貝果的作法 **1**），只要加入2大匙黑芝麻，就能做出充滿香氣的風味。

＼ 推薦的食材 ／

使用乾燥的食材加入混合

莓果類、葡萄乾、香草、肉桂或黑胡椒等香辛料、堅果類、可可粉或巧克力豆、紅茶或抹茶等茶葉類

在表面撒上配料

穀片貝果
白芝麻貝果

在烘烤前於麵團表面放上配料，出爐後就能享受酥酥脆脆的口感。

＼ 推薦的食材 ／

穀麥片、芝麻或南瓜籽等各類種子、堅果類、香草、香辛料、起司等等

不須燙麵！直接烘烤的全麥貝果

充分發揮全麥麵粉的外皮、胚芽香氣，
可以享受到樸素的風味。
未經燙麵就直接烘烤，有輕盈的口感

硬麵包系

靜置時間 ▶ 10分鐘 → 發酵時間 ▶ 30分鐘 → 烘烤時間 ▶ 18分鐘

◉ 材料 （6個份）

A ⎰ 高筋麵粉 …… 260g
  │ 全麥麵粉 …… 40g
  │ 鹽巴 …… 6g
  │ 乾酵母 …… 4g
  ⎱ 砂糖 …… 9g
水 …… 180cc

◉ 作法

製作麵團

1 依照 P63 製作**原味貝果**的 **1**，將麵粉和水混合好→靜置。

整形→烘烤

2 依照 P63 的 **2～4** 製作，在 **1** 撒上麵粉（分量外）後混入約 30 次→分切成 6 等分並整成圓形→延展＋捲起＋捲成細長狀→整成甜甜圈狀。

3 依照 P63 的 **5**，讓麵團發酵。

4 在 **3** 撒上麵粉（分量外），放入預熱至 200℃ 的烤箱內，留意狀況烘烤約 18 分鐘。（**a**）

這裡是重點！

a 烘烤前撒上全麥麵粉或麵粉等（分量外），出爐後連麵團一起品嘗就能吃到樸實的口感與風味

65

以鄉村麵包的麵團為基礎，
享受各種形狀和風味的變化。
不論哪一款麵包都能
烘烤出帶有嚼勁的外皮。

享受形狀與風味

圓環麵包

宛如花圈一般的大型圓麵包，適合拿來當成派對主食。
切成適當的大小，就能搭配各式各樣的料理一起享用

| 一次發酵 ▶30分鐘 | → | 鬆弛時間 ▶20分鐘 | → | 二次發酵 ▶30分鐘 | → | 烘烤時間 ▶20分鐘 |

◉ **材 料** （直徑20cm，1個份）

A
- 高筋麵粉 …… 220g
- 低筋麵粉 …… 80g
- 鹽巴 …… 6g
- 乾酵母 …… 4g
- 砂糖 …… 9g

水 …… 195cc

將麵包換個形狀做得時髦，或是在麵團中混入香草、果乾等，
做出的麵包就會有絲毫不輸給麵包店的華麗外觀和美味。

◉ 作 法

用P50～53介紹的麵團來製作！

製作麵團

1 將**A**的粉類放入調理盆中混合，加水攪拌到沒有粉粒為止。蓋上保鮮膜。

2 放入預熱至35～40℃的微波烤箱內30分鐘，進行**一次發酵**。

3 在**2**的麵團上撒上麵粉（分量外）後混入約30次，放在撒有麵粉的砧板上後整成圓形。鬆鬆地蓋上保鮮膜後**鬆弛**20分鐘。

整形→烘烤

4 在**3**整體撒上麵粉後再次整成圓形，從遠身處往內折1/3，重疊上近身側的1/3，再將左右兩邊折起貼合，收口後整形。

5 在鋪有烘焙紙的烤盤上倒扣耐熱小調理盆等的耐熱容器，將**4**的麵團開個口整形成環狀放上。依照調理盆的形狀整成圓形。（**a**）

6 在**5**依序蓋上乾布巾、濕布巾，放入預熱至35～40℃的微波烤箱內30分鐘，進行**二次發酵**。

7 在**6**撒上麵粉、劃出開口。用噴霧器在整體噴灑水分，將裝水的耐熱容器放在烤盤一角。（**b**）

8 放入預熱至200℃的烤箱中，留意狀況烘烤約20分鐘。

這裡是重點！

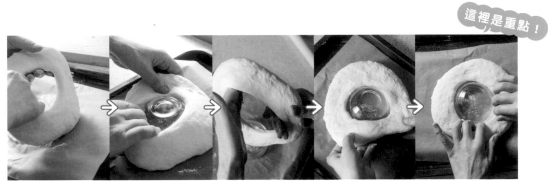

a 將麵團做成大片的圓環蓋到調理盆上，慢慢地擴大中空處並整形。暫時從調理盆移開調整圓環的粗細後再蓋回去

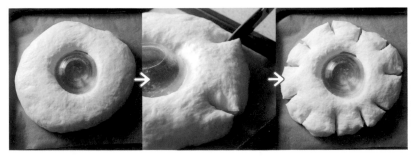

b 用料理剪刀或刀子等，在麵團上切出約10道的開口。為了讓開口不會在烘烤時閉合起來，要確實切開至幅度的2/3寬處！

手撕麵包

圓圓的麵團在烘烤時會連在一起。
大家一起圍在餐桌一邊分撕、一邊享用。
上方的配料改用堅果或是辛香料也OK！

一次發酵 ▶30分鐘	→	鬆弛時間 ▶15分鐘	→	二次發酵 ▶30分鐘	→	烘烤時間 ▶20分鐘

◉ 材料（10個份）

```
┌ 高筋麵粉 …… 220g        喜歡的香草（乾燥）
│ 低筋麵粉 …… 80g              …… 適量
A 鹽巴 …… 6g
│ 乾酵母 …… 4g
│ 砂糖 …… 9g
└
水 …… 195cc
```

事前準備

準備自己喜歡的孜然、羅勒、奧勒岡、迷迭香等乾燥香草。也可以用芝麻或堅果等。

◎ 作 法

用P50〜53介紹的
麵團來製作！

製作麵團

1 將**A**的粉類放入調理盆中混合，加水攪拌到沒有粉粒為止。蓋上保鮮膜。

2 放入預熱至35〜40℃的微波烤箱內30分鐘，進行**一次發酵**。

3 在**2**的麵團上撒上麵粉（分量外）後混入約30次，放在撒有麵粉的砧板上後分切成10等分並整成圓形。鬆鬆地蓋上保鮮膜後**鬆弛**15分鐘。

整形→烘烤

4 將**3**放到撒有麵粉的砧板上，用手將麵團延展成直徑約10㎝大小的圓形。將麵團4邊往中心折，接著再將上下2角內折，將收口確實壓緊後整成圓形。其餘也依照相同作法製作。

5 排放在鋪有烘焙紙的烤盤上，每個間隔1㎝地排成圓形。依序蓋上乾布巾、濕布巾，放入預熱至35〜40℃的微波烤箱內30分鐘，進行**二次發酵**。

6 在**5**撒上喜歡的香草，調整麵團位置。（**a**）（**b**）

7 放入預熱至200℃的烤箱內烘烤約20分鐘。

這裡是重點！

a 在圓圓的麵團表面正中央，以稍微按壓的方式放上香草

b 依照二次發酵的狀況，調整外圍和中央麵團的位置。考量到烘烤時能相連在一起，所以要間隔5mm〜1㎝排放成圓形

| 一次發酵 ▶ 30分鐘 |
| 鬆弛時間 ▶ 20分鐘 |
| 二次發酵 ▶ 30分鐘 |
| 烘烤時間 ▶ 22分鐘 |

栗子果乾麵包

加入大量凝縮了甜味的果乾和栗子，
是成熟風味的甜點麵包。適合搭配紅酒

◉ 材料 （4個份）

A
- 高筋麵粉 …… 260g
- 低筋麵粉 …… 40g
- 鹽巴 …… 6g
- 乾酵母 …… 4g
- 砂糖 …… 9g

水 …… 195cc

B
- 糖煮栗子 …… 100g
- 無花果乾 …… 30g
- 藍莓乾 …… 20g

用P50～53介紹的
麵團來製作！

◉ 作法

製作麵團

1 將**A**的粉類放入調理盆中混合，加水攪拌到沒有粉粒為止。放上**B**後蓋上保鮮膜。（**a**）

2 放入預熱至35～40℃的微波烤箱內30分鐘，進行**一次發酵**。

3 在**2**的麵團上撒上麵粉（分量外）後混入約30次，放在撒有麵粉（分量外）的砧板上後分切成4等分並且再整成圓形。鬆鬆地蓋上保鮮膜後**鬆弛**20分鐘。

整形 → 烘烤

4 將**3**放到撒有麵粉（分量外）的砧板上，再次在整體撒上麵粉後用手延展成圓形。從遠身處往內折1/3，重疊上近身側的1/3，收口再整成細長狀。

5 將**4**的收口朝下，排放在鋪有烘焙紙的烤盤上。依序蓋上乾布巾、濕布巾，放入預熱至35～40℃的微波烤箱內30分鐘，進行**二次發酵**。

6 在**5**撒上麵粉（分量外），用刀子劃出切痕。在切痕淋上少許水分（分量外）。先放入預熱至220℃的烤箱內2分鐘後再烘烤10分鐘。將烤箱溫度調降至200℃，留意狀況烘烤10分鐘。

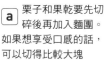

a 栗子和果乾要先切碎後再加入麵團。如果想享受口感的話，可以切得比較大塊

進階變化　改變麵粉的比例，做出口感輕盈的麵包！

作法依照栗子果乾麵包（參考P70的作法），使用的麵粉總共300g。

將比例改為高筋麵粉220g＋低筋麵粉80g，其他的鹽巴、酵母、砂糖與水等分量不變，

加以混合後做成麵團。透過減少高筋麵粉、增加低筋麵粉的量，就能將麵包做出輕盈的口感！

加入凝縮的美味&充滿香氣的食材

培根香草
麵包

將切粗碎的培根50g、乾燥義大利荷蘭芹或羅勒等喜歡的香草1小匙放到麵團上，進行一次發酵。將其混入麵團後分切成6～8等分並整成圓形，依照栗子果乾麵包（參考P70的作法）的步驟烘烤。加入帶有強烈鹹味的培根或鯷魚等，就能做出更加深厚的味道。

將新鮮的香草放在鋪有廚房紙巾的耐熱容器中，用微波爐加熱約2分鐘。將加熱好的香草放到塑膠袋中揉碎並乾燥，就會有更香的香氣

橄欖番茄乾
麵包

將切成約1cm大小的番茄乾50g、切成3等分圓片的橄欖（去籽）50g放到麵團上，進行一次發酵。將其混入麵團後分切成2～3等分，依照栗子果乾麵包（參考P70的作法）的步驟烘烤。加入堅果或種子也會很美味！

將番茄乾和橄欖切成能保留口感的大小，就更容易品嘗其風味

放上麵團或包裹配料

芝麻與黃豆粉麵包棒

將切成細條狀的麵包棒烤得脆脆硬硬，吃起來超過癮！
表面配料也可以撒上香草、辛香料或巧克力等

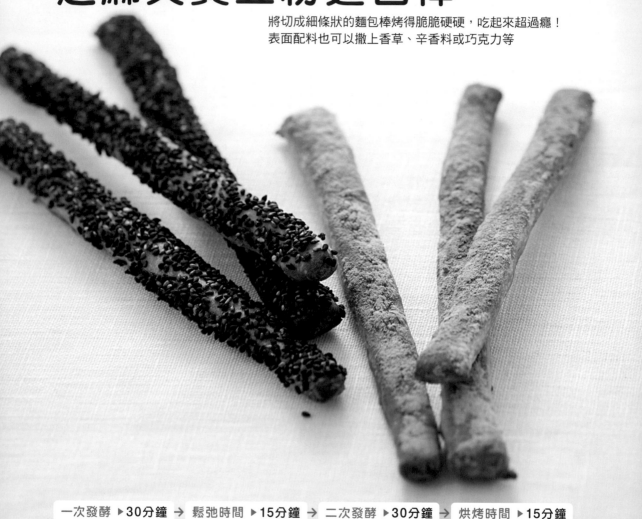

| 一次發酵 ▶30分鐘 → 鬆弛時間 ▶15分鐘 → 二次發酵 ▶30分鐘 → 烘烤時間 ▶15分鐘 |

◉ **材料**（芝麻、黃豆粉各6條份）

高筋麵粉 …… 220g
低筋麵粉 …… 80g
A 鹽巴 …… 6g
乾酵母 …… 4g
砂糖 …… 9g
水 …… 195cc

● **表面配料**

黑芝麻 …… 適量
熟黃豆粉 …… 適量

事前準備

芝麻要先準備好焙炒過的，熟黃豆粉也可以依喜好加入砂糖。

用鄉村麵包的麵團，就能輕鬆變身成各種風味的麵包。
包入喜好的內餡或是放到表面，烘烤到金黃即可。

◉ 作法

用P50～53介紹的
麵團來製作！

製作麵團

1 將**A**的粉類放入調理盆中混合，加水攪拌到沒
有粉粒為止。蓋上保鮮膜。

2 放入預熱至35～40℃的微波烤箱內30分鐘，
進行**一次發酵**。

3 在**2**的麵團上撒上麵粉（分量外）後混入約
30次，放在撒有麵粉（分量外）的砧板上，
分切成2等分並整成圓形。鬆鬆地蓋上保鮮膜
後**鬆弛**15分鐘。

整形 → 烘烤

4 將**3**放到撒有麵粉（分量外）的砧板上，用手
延展成直徑約10㎝大小的圓形後再擀成橢圓
形。將麵團的邊緣切掉變成長方形，再切成棒
狀後塗上少許水（分量外）。其餘也依照相同
作法製作。（**a**）（**b**）

5 將**4**的一半量裹上黑芝麻，另一半則裹上熟黃
豆粉。（**c**）

6 將**5**排放在鋪有烘焙紙的烤盤上。依序蓋上乾
布巾、濕布巾，放入預熱至35～40℃的微波
烤箱內30分鐘，進行**二次發酵**。

7 放入預熱至200℃的烤箱，留意狀況烘烤約
15分鐘。

這裡是重點！

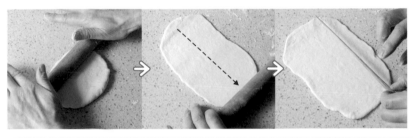

a 將圓形的麵團，用
擀麵棍擀成短邊
9㎝×長邊約1根筷子
長度的大小

b 將邊緣筆直地切除
後再切成1.5㎝寬
的棒狀，在表面塗上
薄薄的一層水（分量
外）。切的時候拿尺量
著切也OK！

c 拿著麵團的兩端，
將整體裹上芝麻或
熟黃豆粉後輕輕放到鋪
有烘焙紙的烤盤上

73

一次發酵 ▶ 30分鐘
↓
鬆弛時間 ▶ 15分鐘
↓
二次發酵 ▶ 30分鐘
↓
烘烤時間 ▶ 20分鐘

蒜香奶油麵包

滲進硬麵包中的奶油和大蒜香氣，
讓麵包更美味。也很適合搭配湯品享用

◎ 材料（6個份）

┌ 高筋麵粉 …… 220g
│ 低筋麵粉 …… 80g
A │ 鹽巴 …… 6g
│ 乾酵母 …… 4g
└ 砂糖 …… 9g
水 …… 195cc

● 內餡
大蒜 …… 5g
奶油 …… 30g
喜歡的香草（乾燥）
…… 適量
鹽巴 …… 少許

◎ 作法

用P50～53介紹的
麵團來製作！

製作麵團

1 將**A**的粉類放入調理盆中混合，加水攪拌到沒有粉粒為止。蓋上保鮮膜。

2 放入預熱至35～40℃的微波烤箱內30分鐘，進行**一次發酵**。

3 在**2**的麵團上撒上麵粉（分量外）後混入約30次，放在撒有麵粉的砧板上，分切成6等分並整成圓形。鬆鬆地蓋上保鮮膜後**鬆弛**15分鐘。

整形 → 烘烤

4 將**3**放到撒有麵粉的砧板上，在整體撒上麵粉後用手延展成圓形。從遠身處往內折1/3，重疊上近身側的1/3，收口再整成細長狀。其餘也依照相同作法製作。

5 將**4**的收口朝下，排放在鋪有烘焙紙的烤盤上。依序蓋上乾布巾、濕布巾，放入預熱至35～40℃的微波烤箱內30分鐘，進行**二次發酵**。

6 在**5**撒上麵粉（分量外），用刀子劃出切痕，在切痕滴入少許水（分量外）。

7 放入預熱至220℃的烤箱，留意狀況烘烤約12分鐘。暫時取出並在每個麵包放上1/6量的蒜香奶油，再以200℃烘烤約8分鐘。（**a**）（**b**）

這裡是重點！

a **蒜香奶油**：將放置於室溫回軟的奶油和蒜泥混合，質地變柔軟後加入切碎的香草跟鹽巴，再次混合均勻

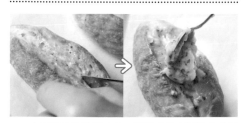

b 在展開的整條切痕上，用湯匙放上滿滿的蒜香奶油

進階變化　表面的配料若含有油脂，會較容易滲透進麵包中

義 大 利 麵 醬 非 常 適 合 做 成 表 面 配 料

明太子美乃滋麵包

將蒜香奶油麵包的配料換成明太子美乃滋，就能做出最受小朋友歡迎的味道。

明太子美乃滋：將放置於室溫回軟的奶油 30g、去除薄膜的明太子 20g、美乃滋 10g 混合攪拌至質地變得柔軟。每個麵包放上 1/6 量，依照蒜香奶油麵包的作法烘烤。烤得金黃的明太子美乃滋是風味的亮點

羅勒青醬麵包

充滿羅勒香氣的醬料配上起司一起放到麵包上！美味程度也很適合搭配紅酒。

羅勒青醬：將羅勒青醬的醬料（市售商品）30g、起司粉 3g 混合。如果質地太稀的話可以增加起司粉的量來做調整，依照蒜香奶油麵包的作法烘烤。

✎ **推薦的食材**

- 肉醬
- 香辣番茄醬
- 蝦子奶油醬
- 起司醬

一次發酵 ▶ 30分鐘
↓
鬆弛時間 ▶ 15分鐘
↓
二次發酵 ▶ 30分鐘
↓
烘烤時間 ▶ 20分鐘

培根麥穗麵包

在麵團上深深剪出開口後展開再烘烤，
相比於包裹其中，能感受到更多培根香氣

◉ 材料（4個份）

A
┌ 高筋麵粉 ⋯⋯ 220g
│ 低筋麵粉 ⋯⋯ 80g
│ 鹽巴 ⋯⋯ 6g
│ 乾酵母 ⋯⋯ 4g
└ 砂糖 ⋯⋯ 9g
水 ⋯⋯ 195cc

● 內餡
培根 ⋯⋯ 8片
黑胡椒 ⋯⋯ 適量

◉ 作法

用P50～53介紹的
麵團來製作！

製作麵團

1 將**A**的粉類放入調理盆中混合，加水攪拌到沒有粉粒為止。蓋上保鮮膜。

2 放入預熱至38～40℃的微波烤箱內30分鐘，進行**一次發酵**。

3 在**2**的麵團上撒上麵粉（分量外）後混入約30次，放在撒有麵粉（分量外）的砧板上，切分切成4等分並整成圓形。鬆鬆地蓋上保鮮膜後**鬆弛**15分鐘。

整形 → 烘烤

4 將**3**放到撒有麵粉（分量外）的砧板上，用手延展成直徑約10㎝大小的圓形。再擀成橢圓形後放上培根、撒上黑胡椒，將長邊捲起成細長狀，捲好後壓緊收口處。（**a**）

5 將**4**排放在鋪有烘焙紙的烤盤上，用料理剪刀剪出深深的開口後再左右交錯推開。依序蓋上乾布巾、濕布巾，放入預熱至35～40℃的微波烤箱內30分鐘，進行**二次發酵**。（**b**）

6 放入預熱至200℃的烤箱，留意狀況烘烤約20分鐘。

這裡是重點！

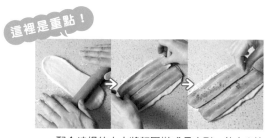

a 配合培根的大小將麵團擀成長方形，放上2片培根後撒上黑胡椒

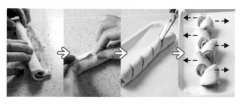

b 從長邊捲起，捲好後確實壓緊收口處，將收口朝下放置。放到烘焙紙上，用剪刀斜斜地剪出4道開口，再左右交錯推開

奶油乳酪麵包

烘烤麵包時奶油乳酪也會變得柔軟化口。
依喜好改變麵包的形狀或起司種類也很美味！

◉ 材料（8個份）

高筋麵粉 …… 220g
低筋麵粉 …… 80g
A 鹽巴 …… 6g
乾酵母 …… 4g
砂糖 …… 9g
水 …… 195cc

● 內餡
奶油乳酪 …… 160g

事前準備
將奶油乳酪切成16等分的棒狀。

◉ 作法

用P50～53介紹的麵團來製作！

製作麵團

1 將**A**的粉類放入調理盆中混合，加水攪拌到沒有粉粒為止。蓋上保鮮膜。

2 放入預熱至35～40℃的微波烤箱內30分鐘，進行**一次發酵**。

3 在**2**的麵團上撒上麵粉（分量外）後混入約30次，放在撒有麵粉（分量外）的砧板上，分切成8等分並整成圓形。鬆鬆地蓋上保鮮膜後**鬆弛**15分鐘。

整形→烘烤

4 將**3**放到撒有麵粉（分量外）的砧板上，在整體撒上麵粉後用擀麵棍擀成橢圓形。並排橫放上2塊奶油乳酪，將麵團捲起，捲好後確實壓緊收口處。其餘也依照相同作法製作。（**a**）

5 將**4**其中一端的孔洞捏緊，滾動成長約20㎝的細長棒狀，再整成甜甜圈狀。（**b**）

6 將**5**排放在鋪有烘焙紙的烤盤上，依序蓋上乾布巾、濕布巾，放入預熱至35～40℃的微波烤箱內30分鐘，進行**二次發酵**。

7 在**6**撒上麵粉（分量外），放入預熱至200℃的烤箱內，留意狀況烘烤約18分鐘。

一次發酵 ▶ 30分鐘
↓
鬆弛時間 ▶ 15分鐘
↓
二次發酵 ▶ 30分鐘
↓
烘烤時間 ▶ 18分鐘

硬麵包系

這裡是重點！

壓緊

a 麵團配合奶油乳酪的長度擀成橢圓形，橫向放上2塊奶油乳酪，再滾動捲起。為了不讓麵團在拉長時散開，要確實壓緊捲好後的收口處

b 為了讓留著的孔洞不要閉合，要用手指邊壓住開口處邊滾動。將壓緊的那端塞進開口中做成甜甜圈狀，再壓緊收口處

一次發酵 ▶ 30分鐘
↓
鬆弛時間 ▶ 15分鐘
↓
二次發酵 ▶ 30分鐘
↓
烘烤時間 ▶ 18分鐘

整顆雞蛋麵包

內餡是雞蛋沙拉＋整顆水煮蛋，分量充足！
附上蔬菜的話，就能輕鬆做好營養均衡的早餐

◉ **材料**（8個份）

A	高筋麵粉 …… 220g
	低筋麵粉 …… 80g
	鹽巴 …… 6g
	乾酵母 …… 4g
	砂糖 …… 9g

水 …… 195cc

● **內餡**
水煮蛋 …… 8顆
雞蛋沙拉（市售品）
…… 100～120g
※1個麵包約用15g

◉ **作 法**

用P50～53介紹的
麵團來製作！

製 作 麵 團

1 將**A**的粉類放入調理盆中混合，加水攪拌到沒有粉
粒為止。蓋上保鮮膜。

2 放入預熱至35～40℃的微波烤箱內30分鐘，進行
一次發酵。

3 在 **2** 的麵團上撒上麵粉（分量外）後混入約30
次，放在撒有麵粉的砧板上，分切成8等分並整成
圓形。鬆鬆地蓋上保鮮膜後**鬆弛**15分鐘。

整形 → 烘烤

4 將**3**放到撒有麵粉的砧板上，延展成直徑約10㎝
大小的圓形。

5 在麵團抹上1/8量的雞蛋沙拉，放上1個水煮蛋。
對折後將收口壓緊，再將左右重疊並整成圓形。其
餘也依照相同作法製作。（**a**）（**b**）

6 將**5**排放在鋪有烘焙紙的烤盤上。依序蓋上乾布
巾、濕布巾，放入預熱至35～40℃的微波烤箱內
30分鐘，進行**二次發酵**。

7 在 **6** 撒上麵粉（分量外），放入預熱至200℃的烤
箱內，留意狀況烘烤約18分鐘。

這裡是重點！

a 在抹蛋沙拉時，為了不要讓餡料外露，所以要
留下邊緣不抹，再放上水煮蛋

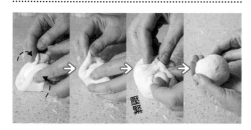
壓緊

b 一邊將邊緣拉開延伸、一邊將水煮蛋完全包裹
進麵團之中

進階變化　硬麵包系麵團非常適合搭配柔軟的內餡！

包入溫潤泥餡的麵包

地瓜麵包

將整顆雞蛋麵包的內餡，換成每個包入糖煮地瓜30g，就能製作出溫潤且懷舊的和風麵包。

將柔軟的地瓜一邊壓碎一邊包進麵團中，彷彿就像紅豆餡一般

推薦的食材

● 糖煮南瓜　　● 燉豆子　　● 糖煮蘋果　　● 成熟香蕉

包入飄香內餡的麵包

起司麵包

在每個麵團中各包入切塊的硬質起司30g，會越烤越香氣四溢。就算有一點點烤焦也非常美味！

在麵團表面剪出十字狀的切痕，這樣起司溶化後會從切痕溢出，冷卻後會變成又香又脆的口感

推薦的食材

● 美乃滋＋玉米　　● 甜味噌　　● 芝麻醬＋紅豆　　● 巧克力

［著者］

濱內千波

料理教室「Family Cooking School」的經營者。2012年時為了能夠更加研究「食物」
而開設了「Family Cooking School Labo」。以家庭料理為教學主軸，從料理到生活
風格等，將自己的風格推廣到各處。活用自身減重經驗製作健康料理、無油料理等，許多
充滿新點子的食譜都大受好評。現在在雜誌、書籍、電視節目、廣播節目、YouTube、
Instagram、食譜研發、演講等領域都很活躍。
著有《晚上喝的回復湯》（WAVE出版）、《設計1日130萬份餐點的營養師家常菜》（辰
巳出版）等；繁體中文版則有《1週有感！最強個人藥膳鍋》（高寶出版）等書。

［日文Staff］

料理助理	夛名賀友子
企劃・編輯・造型	荒川典子(@AT-MARK)
攝影	鈴木正美、重枝龍明（studio orange）
設計	河南祐介、塚本望来（FANTAGRAPH）
校對	株式會社東京出版Service center
攝影支援	幸本正美、青葉堂
製作・管理	平島実、田村恵理

省力系！免揉家常麵包

混合麵團＋整形只要20分鐘，烤出吃不膩的48款美味麵包！

2023年7月1日初版第一刷發行

作　　　者	濱內千波
譯　　　者	黃嫣容
編　　　輯	吳欣怡
美術編輯	黃郁琇
發行人	若森稔雄
發行所	台灣東販股份有限公司
	＜地址＞台北市南京東路4段130號2F-1
	＜電話＞(02)2577-8878
	＜傳真＞(02)2577-8896
	＜網址＞http://www.tohan.com.tw
郵撥帳號	1405049-4
法律顧問	蕭雄淋律師
總經銷	聯合發行股份有限公司
	＜電話＞(02)2917-8022

TOHAN

國家圖書館出版品預行編目資料

省力系！免揉家常麵包：混合麵團＋整形只要
20分鐘，烤出吃不膩的48款美味麵包！/濱
內千波著；黃嫣容譯. -- 初版. -- 臺北市：臺
灣東販股份有限公司, 2023.07
80面；18.2×25.7公分
ISBN 978-626-329-891-0(平裝)

1.CST: 點心食譜 2.CST: 麵包

427.16　　　　　　　　　　　　112008556

KONENAI OUCHI PAN
© TATSUMI PUBLISHING CO.,LTD. 2021
Originally published in Japan in 2021
by TATSUMI PUBLISHING CO., LTD., TOKYO,
Traditional Chinese translation rights arranged
with TATSUMI PUBLISHING CO., LTD.,
TOKYO.